里山再生を楽しむ！

まつたけ山 “復活させ隊”の 仲間たち

吉村文彦＆まつたけ十字軍運動 著

高文研

マツノザイセンチュウ病で茶色になった枯損木がいっぱい（京都市北部のアカマツ林）

こんな荒れ放題の放置林が全国に広がっている

里山再生へ作業開始！

地掻き（右）と枯損木の処理・活用が重要だ

全国の仲間が里山再生に取り組んでいる

先輩から引き継いだ美しいアカマツ林で秋、まつたけ狩りを楽しむ大野高校生たち

アカマツ林の整備に汗を流す岩手県立大野高校生たち（同校学校案内から）

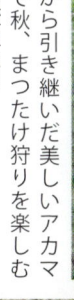

あんな笑顔、こんな笑顔。そして里山再生、収穫の喜び！

京都市左京区岩倉にある
マツタケの碑

はじめに

アカマツ林とまつたけの復活を通して、豊かな生物多様性にあふれる里山《さとやま》の再生をめざす私たちのまつたけ十字軍運動（まつたけ山復活させ隊）は、全国各地の方々に支えられています。その一人、岩手県立大野高校の元校長の中村三千男さんは「高校生たちの夢と自信を育んだ松茸山づくりの奇跡」と題して手紙を送ってくれました。

中村先生とは、私が同県岩泉町の「まつたけ研究所」の所長をしていたときからのご縁です。当時、中村先生が校長をされていた大野村（現洋野町）の大野高校に招かれて生徒たちに環境教育の一環として里山保全の大切さについて講演し、岩手県に多い里山のアカマツ林を整備すればまつたけが復活することを話したのです。

これをきっかけに中村先生はさらに、小規模校で受け身になりがちなところのある生徒たちに里山の価値と豊かな恵み、自然に囲まれた同校の環境の素晴らしさに気付くことを通して視野を広げ、積極性を身につけてほしいと、高校生たち自身の力でまつたけ山を整備するというユニークな教育実践を考えたのです。小規模校の存続問題も起きていた時期で、これには父母や地域住民も全面的に協力、手入れするアカマツ林も借りられ、巻頭のグラビアで紹介しているような「地域の学校」ならではの「まつたけ山プロジェクト」が平成17年にスタートしたのです。

中村先生から寄せられた手紙には、「この取り組みは運良く岩手県教育委員会の〝魅力ある学校づくり〟事業に指定され、運営資金も得ることができました。200名の全校生徒が学年ごとに計画的にアカマツ林の整備作業をしました。はじめは果たして成功するものか、疑問符だらけでした。しかし、高校生たちが一生懸命取り組んだ結果、山の神様は10名近くの生徒に、20数本の松茸を直接その手で掘り出す幸運を与えてくれました」とあります。

そして、先生は最後に「若い高校生たちに夢と自信を与え、自然との共生の道をめざすこの営みは、とても貴重です」と強調しています。大野高校では今もこの里山整備作業は引き継がれ、大勢の父母や地域の人たちも協力して、とても盛り上がっています。収穫祭はみんなの笑顔でいっぱいです。

一方で、里山の置かれた厳しい現実があります。まつたけ山復活させ隊のメンバーの川本勝さんは「活動を続けていて一番感じるのは松枯れ病のスピードの速さです。毎週次々と枯れていくのを目にするのです。それは新型インフルエンザの比ではないと感じるような猛威です」と驚きを隠しません。また、前田勲さんは「今、里山は〝三重苦〟に喘いでいるとつくづく思います」

と言います。それは、猛スピードで広がる松枯れと、アカマツと同じように里山の重要樹種のナラ枯れであり、さらにニホンジカによる食害です。かつてあった里山の多様性に満ちていた生態系が大きく崩れ、破壊され続けているのです。前田さんは、まつたけ復活させ隊の運動を通して、それを実感し、次のように続けます。

「この里山の三重苦は、すべて私たち人間がもたらしたものであり、それを取り除き、生き物の多様性と生態系を保持しようとする里山再生の取り組みは、原因者である人間の使命です。このままでは自然界から取り返しのつかないしっぺ返しがくる気がします」

私たちの運動は、里山が直面しているこの三重苦、あるいはそれ以上に困難な生態系と生物多様性をめぐる問題の克服に取り組み、挑戦しながら、大野高校生と地域の人たちが手にしているような楽しさいっぱいの夢の実現をめざしているのです。

この本は、5年を迎えた「まつたけ十字軍運動」の成果と課題を、そして何よりも楽しさ、面白さを、良い汗を流し、明るく奮闘する仲間たちの喜怒哀楽の声をつむぎ合わせながらお届けするものです。里山とマツタケの復活が、人間にとっても他の生き物にとっても大切であると考える各地の読者のみなさんに少しでもお役に立つことがあれば、著者一同大喜びです。

最後に、出版を引き受けてくださった高文研のみなさんと、本書の企画を練っていただいたたトロントの福士義彦氏、そして、この活動をあたたかく見守り支えてくださる全国の支援者のみなさんと活動の初期に助成いただいた日本財団と全労災に心から感謝します。

２０１０年夏

著者を代表して　吉村 文彦

もくじ

里山再生を楽しむ!

まつたけ山〝復活させ隊〟の仲間たち

第2章　世界唯一の「岩泉まつたけ研究所」15年の成果

第3章　「まつたけ山復活させ隊」いよいよ集合！

第4章　まつたけと日本人の歴史と文化

エピローグ　〝互知送さま〟と〝知産知送〟の心と技を
――20世紀型社会の延長では里山再生はない

企画編集（株）トロント

プロローグ
今なぜ、まつたけ山を復活させたいのか――生物多様性の危機は人の危機

私が「まつたけ十字軍運動」（まつたけ山復活させ隊）を市民運動として呼びかけたのは、「激減している国産マツタケを増産したい」といっただけの単純な思い付きや考えからでは決してない。まず、そのへんからはじめたい。

✡生物多様性に依存する一方で破壊に突き進むニンゲン

地球規模での環境破壊が叫ばれて久しい。そのなかで、急激に進む温暖化などの気候変動や海面上昇、砂漠化、熱帯雨林など森林の減少は、目にしたり耳にする機会が多いだけに関心が集まる。だが、その背後で、また根底で、さらに見えにくいけれど私たちのすぐ身近で、しかも静かに急速に進行している深刻な「生物多様性の危機（減少）」への理解はどれほど広がっているだろうか。

分かりやすい例でいえば絶滅危惧種である。なにしろ、世界中で年に4万種もの生物が絶滅している。さらに、生態系での食物連鎖や共生関係など考えると1種の絶滅は、その周囲にいる10～20種もの生物の生活に影響をもたらすといわれている。むろん、日本と私たち日本人がその圏

外にいられるわけではないのに、関心の低さ、いや、無関心とさえいえる状況が続いている。私は、そのことがずっと気にかかっていた。

「生物多様性や環境に無関心であってはならない」などと説教めいたことを言うつもりはさらさらない。しかし、農林水産業をはじめ、医薬品の開発、安全な水の確保や汚水の浄化など衣食住から健康、文化まで日々の生活のほとんどあらゆる面で私たち人間は、生物多様性と、それによって支えられている様々な生態系からの「サービス」（働き・機能）に依存し、恩恵を受けて生きている。これは誰も否定できない厳然たる事実だ。

「森は海の恋人」とか「魚付き林」などといわれるように、山に元気な森林がなければ海で豊かで美味しい魚介類は育たない。有機物を分解する土壌微生物がいるから良い作物が採れる土ができる。自然界には天敵がいるからバランスが取れ、害虫や害獣が増えすぎない、といったことである。もっと身近な例では、人間の腸内には300種類もの細菌が共存していて、その微妙なバランスによって私たちの健康は保たれている。この均衡が破られ悪玉菌が増えたり、逆に善玉菌が減れば、私たちは体調を崩したり病気になってしまう。肉や牛乳を提供してくれるウシの４つの胃には膨大な種類と数の微生物がいて、それなしにはウシは生きられない。

なのに今、この人間にとってとても大切な、というよりなくてはならない生物多様性と生態系が、人間活動によって危機に直面し、十分に理解されないまま事態は深刻さを増している。

神奈川県南西部、真鶴半島(真鶴町)の魚付き林
江戸時代初期、ススキ野原だったところに小田原藩が3年がかりでクロマツ、アカマツの苗木15万本などを植林してうまれた。町の人は「御林」と呼んで大切にしている。中には幹回り5㍍、高さ40㍍以上の巨木もあるが、ここでも松枯れが見られるようになった

人は生物多様性・生態系を利用し活用する一方で、逆に壊したり減らしたり、あるいは積極的に介入してバランスを崩すことで生産性や利益を上げようとしてきた。たとえば、農薬や除草剤による作物の害虫や雑草の駆除、排除だ。複雑で扱い難く生産性の低い自然界の機能を制御し、支配する手段を次々手に入れて人間は繁栄してきたのである。

しかし私たち人間は、自分たちも生物多様性・生態系の一員として「つながっている」「共生・共存している」ことを忘れ、さすが巨大な地球の自然も、増え続け膨

張し続ける人口と欲望のすべてに応えられるほど巨大ではないことを十分理解しないまま今日を迎えている。

そのために絶滅した動植物が多いことはトキやニホンオオカミを挙げるまでもない。スギの植林という人の活動が花粉症の発生をもたらし、同様に人の活動範囲、とりわけ経済活動が拡大するとともに新たなウイルス病が人類を脅かしている状況は、その「つながり」をしっかりと理解することなしには対応が難しい問題なのではないだろうか。

そして多様性の危機は、何よりもその多様性をコントロールして生きてきた当の私たち人間の心と体にも危機をもたらしているのではないかと、私には思える。人間が発する救助信号、危険信号といえるかもしれない。私のもとに届いた全国の仲間や友人などの、次のような便りに、そんな気になる話が目立つのだ。

たとえば、街路樹のサクラの木の洞にニホンミツバチが巣を作っているのを見つけて、すぐに入り口をふさいで殺してしまう人と、それを止めずにただ見ている人の話。「地域ネコ」が気に入らないと、足蹴にする親とそれを見て真似る子ども。若い先生のお化粧に対して「そんなに化粧してもモテナイぞ」と嫌がらせをするベテラン教師と、ただそれを黙認する仲間であるはずの教師たち。「人権教育」を重視しているといわれる県での出来事である。全員黒ずくめの「就活スーツ」姿に違和感を持たずに、「みんな同じだと安心ですから」とにこやかに答える学生たちと、そんなスーツ姿を積極的に義務づける企業もあるといった話、などなど目白押しである。

そこにあるのは、まさに駆除、排除、制御、支配、画一化、さらには無関心であり、自然界の多様性、共生・共存関係、つながりが持つ、あるいはそこから生まれる謙虚さや寛容さや優しさ、また個性の輝きは見当たらない。人間が人間に対して犯してきた迫害や差別の歴史に似てはいないだろうか。

「はじめに」で前田勲さんが言った「しっぺ返し」でないことを私は祈り、この人間の心と体の危機を克服するためにこそ、生物多様性を失ってはならないと強く信じている。

人類は今、地球の仲間たちの将来を左右するような「綱引き」の場に臨んでいるのではないだろうか。厳しい現実と問題に直面し、解決を担うべき私たち人間が試されているのだ。

歴史が教えてくれているように、現場、現地は「問題解決の鍵の宝庫」である。その原点に立って目を凝らし耳をそばだて、五感を研ぎ澄まして謙虚に聴き、感じ、考え、行動することが求められている。里山に立てば、生物多様性、生態系、共生という言葉が実体となって私たちに優しく語りかけ、また厳しく問いかけてくる。心を揺さぶられるが、共に歩を進める明るくて楽しい仲間たちも呼んでくれる。そして勇気と元気、力と知恵を引き出してくれる。私たちは運動をしていて、それを実感している。

✡参加者の数だけ夢がふくらむ
「里山再生のためにまつたけを復活させよう」運動を

そんななか2010年は国連の「国際生物多様性年」である。10月には名古屋市で世界193の国と地域が加盟している「生物の多様性に関する条約」（CBD）の10回目の締約国会議（COP10）が開催される。生物多様性の保全と持続的な利用、利益の釣り合いの取れた分配を考えようと集うのだが、日本政府は遅ればせながら、「SATOYAMA」の持つ可能性について提案するといわれている。

COP10に先立って5月1日から始まった上海万博でも日本は、2005年の愛知博（愛・地球博）のテーマ「自然の叡智」を継承。パビリオン内には日本に残る多様な里山風景が映し出され、シンボルマークも「つながり」をイメージしたというデザインで、色はトキ色と、生物多様性を強調する内容となっている。

確かに、かつての里山は生物多様性に満ちた豊かな生態系だった。しかし、現在の里山は瀕死の状態に陥っている。環境省のレッドデータリスト（2007年版）を見ると、じつに哺乳類の23・3％、両生類では32・3％もの種に絶滅の恐れがある。また大半の草木（種子植物・シダ植物）が含まれる維管束植物も7000種のうち24・1％が絶滅危惧種になっている。そして、それらの5割が里山の生物であることに思いをめぐらしていただきたい。里山はまさしく喘いでいる。

この里山を何とか再生したい、生物多様性を復活させたいというのが、私のずっと持ち続けてきた強い思いである。私は長年、微生物生態学の研究者として里山の代表的な樹林であるアカマツ林をフィールドにアカマツと切っても切れない深い共生関係を持つマツタケと土壌細菌の関係を研究し、それをマツタケの林地栽培という実践につなげようと取り組んできた。その経験を生かした里山再生となると、やはり日本にある770万ヘクタールの里山林の約30％を占めるアカマツ林の再生を抜きにしては考えられない。

なにしろ、アカマツ林は全国各地で荒廃が進み、マツノザイセンチュウ（松枯れ病・松食い虫）。その原因がヒトなどの寄生虫の回虫と同類の長さ1ミリ足らずのセンチュウで、これを媒介するのがマツノマダラカミ

上海万博「日本館」のホームページにも里山風景が

キリという体長2チセン内外の昆虫）の蔓延がそれに拍車をかけ、それによってマツタケも激減している。実際、京都府ではマツタケは保全の必要がある絶滅危惧種になっている。それほど里山の多様性も失われてきている。

一方、万葉の昔からマツタケと日本人の関係は独特の「食文化」になっているだけに、私は「まつたけ山づくり」が里山再生活動としてふさわしい、多くの市民に参加してもらえるものになるに違いないと考えた。

里山を取り巻く環境はきわめて深刻だが、「里山再生・保全のために、まつたけを復活させよう」を目標にしたら、きっと夢がふくらむ楽しい運動になると考えたのである。

「マツタケのグローバリゼーション」をテーマに、人と自然のあり方の多様性や、その一つの表現である食文化を調査・研究している文化人類学者で米国・カリフォルニア大学教授のアンナ・ツィンさんとカナダ・トロント大学助教授の佐塚志保さんたちのグループが、何回か私たちの活動を取材に訪れたことがある。

その佐塚さんは山仕事の合間に汗を拭きながら笑顔で俳句を詠んだり、そうめん流しや手製の緑茶、紅茶を楽しんでいる私たちを見て、「市民運動の概念を覆された思い」と感想を述べている。さらに、「まつたけ十字軍運動は、世界的にみてもユニークで社会的にいろいろな示唆のある貴重な活動だと思う」とも評価してくれた。

佐塚さんも楽しんだそうめん流し

この運動は、参加者たちの熱い思いとアイデアと行動力で成り立つものだから、楽しいことが参加者の数だけある、というのが私の基本的な考えだ。その意味で、とても幅広い活動を展開できると思っている。

だから、私たちの活動の場はアカマツ林にとどまらない。いつの間にか山の麓には畑も作られ、稲や野菜、果樹やお茶の栽培、炭焼きなども始まった。マツノザイセンチュウ病で枯れたアカマツを燃やした後の消し炭は土壌改良のため畑にすき込まれる。また、全国の支援者からのカンパで本格的な陶芸窯を造り、枯れたアカマツを燃料にみんなの作品が焼かれている。みんなの夢が次々とふくらみ、育まれている。

✡「里山はオジさんをテツガクシャに変える」から楽しい

というのも、「文化的な創造なしにはアカマツ林（里山）の再生もマツタケの増産もない」ということなのだと私は思っている。歴史を振り返っても、万葉の時代から日本人は歌を詠み、杯を交わしながら松茸狩りを楽しんでいた。今も、その遺伝子は受け継がれていて、たとえば、長野県上田市のまつたけ採り名人、宮原文男さんは軽快な「松茸音頭」のＣＤを制作した。作曲と唄は地元の宮下賢さんが引き受けていて、松茸が人を結びつけているのだ。

また、仲間の一人で京都府南部の木津川市で幅広い里山再生運動「鹿背山元気プロジェクト」に取り組む中村伸之さんは「里山はオジさんをテツガクシャに変える」と言った。

彼は「便利な生活の中で私たちは、場所も時間も身体も自由自在になる（なるべきだ）と思いがちだが、じつはそれによって環境に大きな負荷を与えていて、そのツケを子どもたちに回していることに気づきはじめている。電気やガスや水道がなくクルマも入れない里山で過ごすと、場所も時間も命も有限で、環境や歴史の制約を受け、自然の理にしたがうべきものであることが身に染みて分かり謙虚になる。その分、美しさや楽しさや充実感を見つけることもできる」と続ける。

里山にいると、心に響く発見や人間の本質とか、自分自身に迫るような気づきがあるのだと思う。もちろん、オジさんに限ったことではない。

心に沁みる美しい里山の黄昏（京都府木津川市鹿背山で）

仲間たちと一緒に汗をかきながら山の作業をして、あまりの山の荒廃ぶりに心底情けなくなると同時に、それでもなお山の命が私たちの心身を癒してくれるのを感じる。その空気に包まれながら私たちは、ふと自分と家族と故郷の人々、そしてこの国と人の来し方、行く末を思う。そこにある病根に気づいて、考え、悩む。

それでも、ここでのテツガクはとても楽しいから、みんな里山に通い続ける。新しい自分と、これまでにない温かくて優しい「価値」が存在するのだということを、マツタケやアカマツたち里山の住人が気づかせてくれるし、里山という「テツガクの場」に集う仲間たちが互いに気づかせ合ってもくれる。おいおい紹介していくが、そこでは隣同士がビビッとかへーっと響き合い、大人たちがそれぞれの人生で培った、飛び切りの知恵と技と心意気が花火のように色鮮やかに輝いている。

この本は、そんな楽しくて面白い、みんなでやってみたくなる「テツガク」が語られ、個々を結びつけ、それぞれの個性の花々を開かせる「集合知」といったものがあふれる書なのかもしれないと、私は感じている。もちろん、それを可能にしているのが場、舞台としての里山である。

こうした私たちの生物多様性の保護と有機物の循環利用をベースにした考え方と実践が、全国の森林保全ボランティア団体や里山再生、生物多様性の保全に関心を持つ人たちにとって一つのモデルにもなってきているように思える。

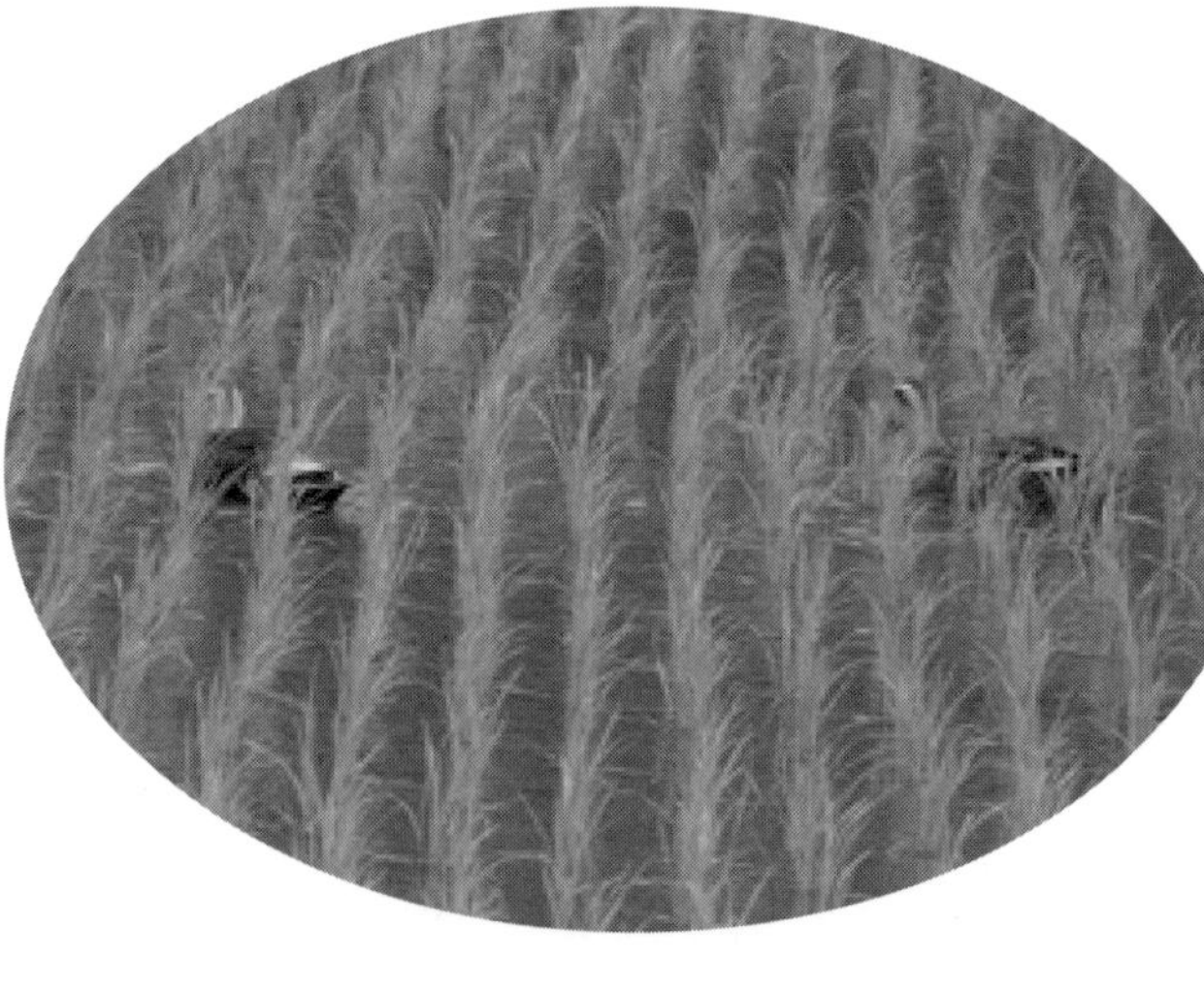

田んぼには野生のカモも飛んできて雑草取りに“協力”してくれる

第1章

瀕死の里山と絶滅危惧種マツタケの叫びが聞こえる

1．まずは舞台と共演者たちの紹介

なぜマツタケの発生にアカマツ林が必要なのか、両者はどんな関係なのか、今、里山はどんな状態なのか。共演者のマツタケとアカマツ、それに第三の共演者である私たち人間を加えた多彩な交流の舞台となる里山・アカマツ林の話を始めよう。

【まつたけと松茸とマツタケ】

さて、読み進めていただく前に、「マツタケ」と「まつたけ」という表記についてお断りしておきたい。原則として食材という文脈では、キノコ・食用部（子実体）をイメージして平仮名の「まつたけ」、あるいは「松茸」を、生物学的なニュアンスが強いときは片仮名の「マツタケ」を用いている。胞子や菌糸や子実体を区別したいときには、マツタケ子実体などと「マツタケ」の後に付けて強調している。もちろん、固有名詞はそれに従った。

なお、京都、大阪など関西では「まったけ」という言い方もある。

また、マツタケの発生時期は秋が多いけれど、春から晩秋まで幅広い。九州や四国では早く４月頃には見られる。春ナバ、春マツタケ、五月マツタケ、ミドリマツタケ、ツユマツタケ、サマツ、ムギワラマツタケ、土用マツタケ、トキナシマツタケ、ボケマツタケなどと呼ばれている。秋の発生は逆に北海道から始まる。

ホストがいないと生きていけないマツタケ

マツタケはカビの仲間の菌類で大型のキノコをつくる。カビもキノコも俗称で、キノコは菌類の生活史の一時期に胞子をつくる器官（子実体）のことを指す。みなさんが食べる部分だ。生物の教科書などを見ると、菌類の生態学的な役割は「分解」と書いてある。つまり自然界の掃除屋である。確かに林に入ると木々の間がいつも落ち葉で埋まっていたり、動物の死体があちこちにあるといったことはない。これは菌類など「分解者」のお陰だ。

ところが、菌類の仲間であるのにマツタケは、その役割を果たしていない。自然はまさに多様で、分解者ではなく植物にとりついて（感染という）養分をもらう生き物を生み出した。マツタケは、そんな生活をする「菌根菌」と呼ばれる菌類だ。とりついた相手を分解することはなく、病気にさせるわけでもない。マツタケは枯木などの生物遺体を分解する能力に関係する遺伝子を持っていないか、持っていてもマツタケ自身が発揮しないのか、あるいはその機能を発揮できないように何らかのブロックがかかっているのかと考えられるが、詳しいことは解明できていない。
またマツタケは、エネルギー生産工場（細胞の中のミトコンドリア）のシステムが特有なのだ。

マツタケのシロの菌根。アカマツの根はよく分岐している

一言でいうと、マツタケ子実体（キノコ）ではミトコンドリアを持っているのに、実験室でマツタケの菌糸を培養していると、それが徐々になくなっていく。そんな風に変わっていった（進化した）カビである。だから、生きた植物（ホスト・宿主・寄主）の根っこに感染し、エネルギー源をもらわないと生きていけない。

マツタケは、そのホストの未感染の細根に出合うと、どんどん感染して共生の始まりとなる菌根という独特の状態の根っこを形成し、それが大きく成長してシロと呼ぶ輪状の構造を作る。放置したパンにできた円いカビの輪やドーナツをイメージしてほしい。条件の良いまつたけ山でマツタケが輪になって

マツタケのシロの成長 (濱田稔 1974)。マツタケ子実体の石突跡に 10 年間、ピンを刺して調べたもの

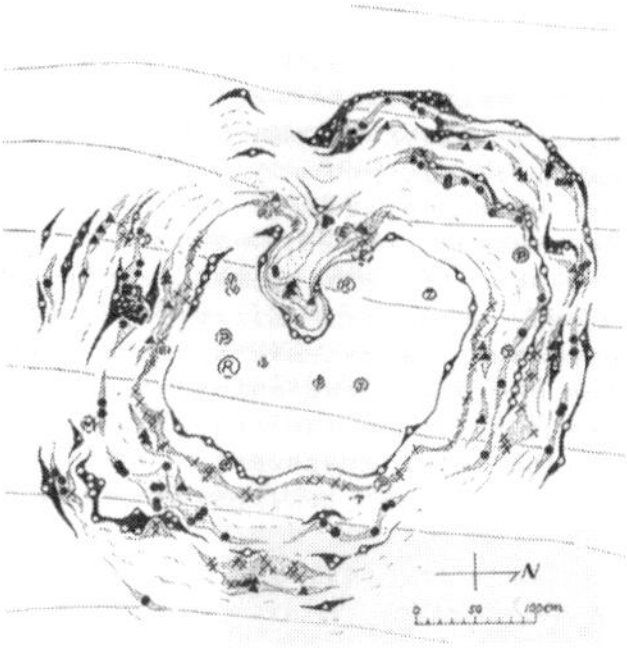

発生するのは、このためだ。

そのマツタケのホストだが、これまでの観察ではアカマツやクロマツ、ハイマツなどマツ科の仲間にしか感染しないといわれていた。また、マツ科でも落葉性のカラマツには発生しないし、スギやヒノキをパートナーに選ぶこともない。しかし最近の研究で、たとえばヒノキ科のネズやカシの仲間の木にも感染できることが分かった。

マツタケといえばアカマツと思われているのは、全国にアカマツ林が230万ヘクタールもあり、里山全体の30%もあることなどによる。

輪状に発生したマツタケ。最近では、このように輪状にマツタケを発生するシロは非常に少なくなった

とにかくマツタケは、同じ菌類でも生物遺体を分解する力を持っているキノコ、そう、一年中スーパーなどで売っているシイタケ、エリンギ、エノキダケ、ブナシメジ、マイタケなどと比べると、生き方が全く異なっている。

マツタケとアカマツは「恋愛」みたいな微妙な関係

私たちが待望していたマツタケ子実体、まつたけの発生が見られるようになるのは、アカマツが壮年期になってのことだ。通常、樹齢20年から90年のアカマツ林で、マツタケ発生の最盛期は平均樹齢40～60年といわれる。ただ、その時期はアカマツ林のある地域によって異なるようだ。しかし、マツタケの感染はアカマツの樹齢としてはいつでもよいのか、また秋に起こるのか翌春なのか、こんなことも依然として不明である。

感染は実験室内ではアカマツの種子が発芽した直後の実生（みしょう）にも容易に起こるが、マツタケの発生は、実際のアカマツ林では幼すぎても年を取りすぎてもだめなのである。それでも、そう言い切っていいかどうか、じつは私も迷っている。なぜなら、養分とその保持剤を入れた容器の中でマツタケを培養すると、マツタケ子実体（キノコ）のもとになる子実体原基（キノコの芽）がアカマツ抜きでも得られることがあるからだ。ただし、その原基は親指の頭以上の大きさには決して成長しない。

確かにこれは、アカマツの年齢とは無関係に、あるいはホストのアカマツがなくてもマツタケの子実体を作れるかもしれないこと（マツタケの人工栽培）を示唆している。けれど自然界では、アカマツが幼すぎたり年を取りすぎたりすると、マツタケの成長に必要な、私たちがまだ解明できていない物質を量的にも質的にも十分に与えることができない要因が「何か」あるからマツタケが発生しないのではないか、と私は考えている。やはり自然では、アカマツとマツタケの関係は、アカマツのある年代に起こる現象と言える。

アカマツと共生するとマツタケも菌根によって栄養分を吸収する面積が大きくなるため生活力が旺盛になるが、それでも気付いたらシロがいつの間にか消失してしまったといった例が多い。とにかくマツタケ単独では生きられないし、共生すれば確かに強くなるが、それでもちょっとした何かの変化で突然弱くもなるのだろう。なんとも微妙な性質のキノコなのだ。

しかし、これはマツタケ側からの一方的な「要請」で作り上げてきた関係ではない。観察と研究からはマツタケが主導する部分が多く見られるものの、アカマツ林は他の樹木の伐採や山火事の後にできる2次林（遷移林）と呼ばれるように、自然界のある条件が満たされたときにだけ生育が許される弱い立場の樹林である。両者はどうしても共生関係を持つ必要性があったのだ。

だからアカマツも細根を棲みかとしてマツタケに貸し、養分を提供するのだと思う。両者は共同体を作ることで、環境の変化に強くなろうとしているようにみえる。しかし、本当はもっと複雑で、私の恩師で近代マツタケ学の祖と呼ばれる故濱田稔先生が言ったように「男女の恋愛」に似ていて、両性がいればそうした関係性が必ず生まれるというものでもないし、生まれても必ずしもずっと安定している、などということもない。相性、環境あり、努力、忍耐あり、である。

✡ 解明されていないことがいっぱい

たとえば、私たちの活動拠点の畑にも植えている桃が、桃栗3年といわれるように確かに3年すると美味い不味いは別にして実をつけ、稲や多くの野菜も春に苗を植えると秋に収穫できるのが普通なのに比べると、マツタケは少し事情が違う。

マツタケは〝適齢期〟のアカマツに感染しても、マツタケ子実体（キノコ）を発生するまでには平均4〜5年もかかる。平均といっても、自然界で感染したもの全体の平均ではなく、マツタケが発生した場合のみの平均年数である。これはシロの径（大きさ）の年間の平均成長量から年数が計算できるのだが、感染すればキノコが発生する大きさのシロ（容積およそ1.5〜2リットル）にまで必ず育ってくれるわけではない。途中で消えるものが多く、それは計算に入っていない。

どういうことかというと、自然界での感染の始まりを私たちが確認しようとしたら、アカマツ林の土壌をマツタケの生活帯の深さまで掘り起こして観察するしかないが、それをやればマツタケは死んでしまってシロにまで成長しない。要するに、人の目で分かるような地表の変化が全く

マツタケのかさの裏の襞に形成されたレモン状の胞子
（4〜7×5〜9μm）

ないため、どこを掘り起こしていいのか、人には分からないのである。マツタケ子実体（キノコ）の発生を確認して初めてその下にシロがあり、4、5年前に感染が起きていたのを知ることができるというわけだ。

とにかく感染し共生が始まっても、マツタケが必ず採れるようにならない理由をマツタケはまだ私たちに明らかにしてくれていない。私たちが解明できていないことがいっぱいある、微妙なだけでなく非常に手ごわい相手なのだ。

途中でシロが消えてなくなってしまうものも多いと書いたが、なぜ、またどの過程で起きるのかなども分からない。理由は土の中の現象が相手だからだ。マツタケ菌糸とアカマツ細根の互いの認識、感染、菌根形成、そしてシロの形成や子実体の形態形成などを掘り返さないで非破壊的に観察できないことと、実験室の容器中でマツタケ胞子の発芽から子実体発生までを通して観察するための知識と技術を、人間はまだ手に入れることができていない。科学的に解明できていないことが多すぎて、まつたけ山づくりといっても完璧な技術が出来上がっているわけではない。いわんや人工栽培は、である。

なにしろ、１本のマツタケの子実体（キノコ）が大きくなって開いた傘の裏から放出される胞子（前ページ写真）の数が数百億個、その50本分くらいの1兆個の胞子が芽を出し（一核菌糸）、この菌糸が性的和合性（雌雄の相性のようなもの）のある相手とペアを組み（二核菌糸）、さらにアカマツの細根と出合って新居（菌根・シロ）を構え、可愛い子ども（キノコ）の誕生まで成長するのはほんの数えるほどで、確率としては極端に低い。それほどマツタケとアカマツの出合いは難しく、恋愛成就までは苦難の連続だ。

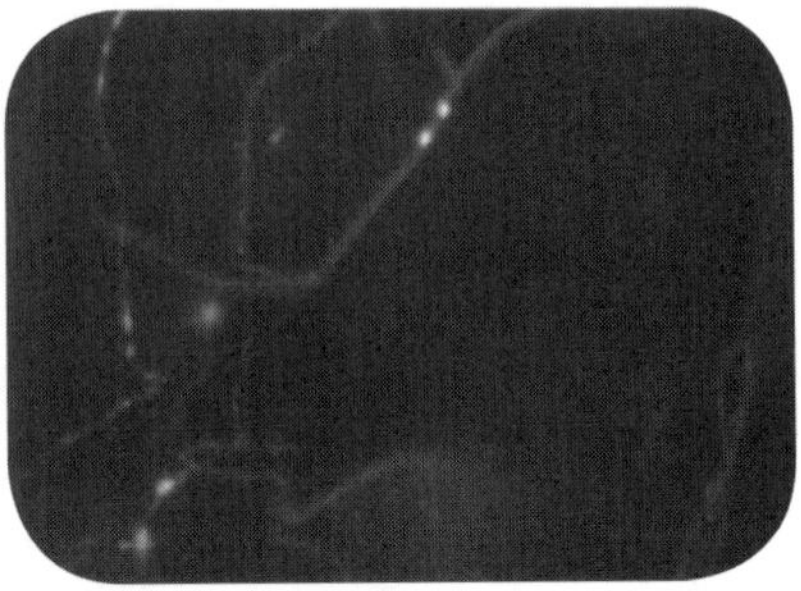

マツタケの２核菌糸

里山の環境悪化も加わって、マツタケがこんなにも厳しいライフサイクルの中で命をつなぎ続けていることを思うと、いとおしさを感じるけれど、それだけに私たちの運動は「山の手入れをしました。はい、５年後には必ず松茸狩りができますよ」となるような簡単な話では全くない。それほど今のアカマツ林は、マツタケ向きでない状態になっている。

私は40年以上それを見てきているから、里山再生運動を呼び掛けるにあたって考え抜き、胃が痛くなる思いもした。また、まつたけが増産できるアカマツ林は健全なはずだ、アカマツ林が健全ならマツタケも元気になり、マツタケ栽培は軌道に乗るに違いない。そう確信しつつも正直、今でもなお、本当にそこまで確実に実現できるのだろうかと考えたりして頭が痛くなることもある。

✡生き残るために獲得した戦略的パートナー

おさらいすると、マツタケとアカマツは互いの認識から始まって、菌根を形成し、周りの微生物と戦いながら菌根を増やしてシロとなってキノコをつくるまで、それこそお互いの相性や成長を確認し合い、刺激し合いながら、様々な環境条件をクリアし、また自分たちでも好ましい環境をつくり出そうと頑張り続けている、と考えられている。

マツタケが宿主のアカマツからもらうエネルギー源はアカマツが作った光合成産物の糖類で、逆にアカマツは土壌中の水に溶けたチッソやリンといったミネラル類の

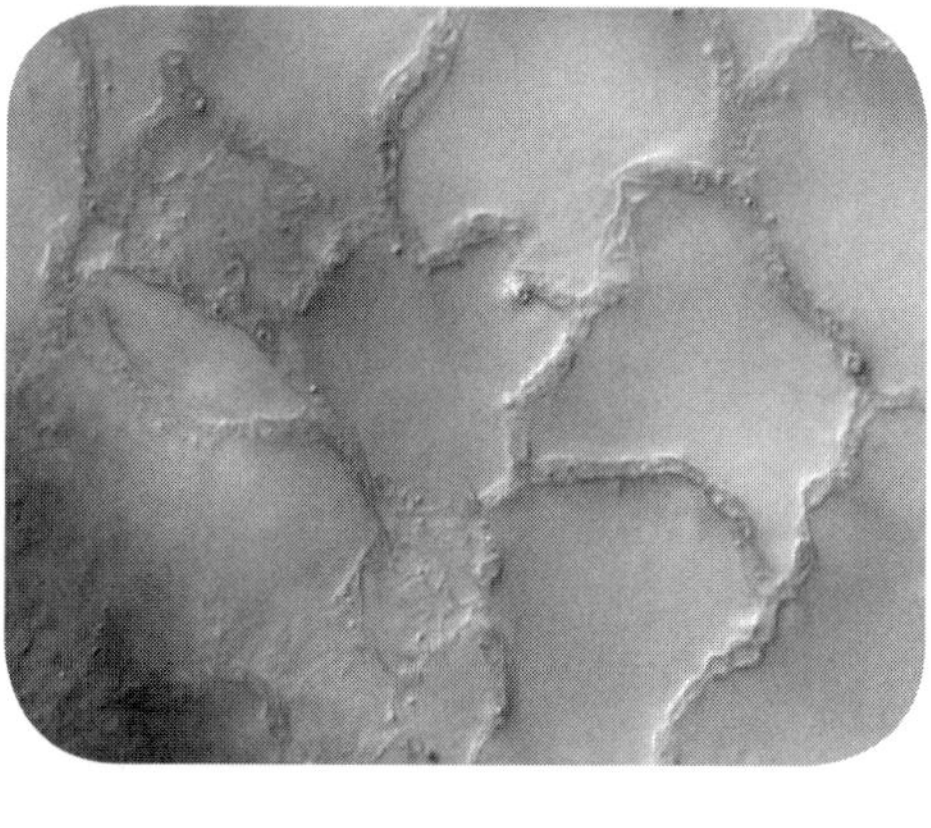

アカマツの根の細胞間隙に見られるハルティッヒネットと呼ばれる菌糸

供給をマツタケから受けている。また、試験管内でマツタケ菌糸を育てるにはビタミンB群を与えねばならないが、自然界で、これをどこから得ているのかも分かっていない。こうした物質のやり取りの場所はアカマツの根の細胞と細胞の隙間にあって、マツタケの菌糸が網目のように入り込んでいる。林学の創始者といわれるドイツのハルティッヒが発見したので、ハルティッヒネット（前ページ写真）と呼んでいる。

マツタケの感染を探ろうと、マツタケとアカマツを一緒にして育て、根っこを観察すると、マツタケ菌糸がアカマツの細根と出合い、数日は細根表面を菌糸が覆っている。互いに認識し合いオーケーが出ると、根の細胞の隙間（細胞間隙）に侵入する。そして養分のやり取りの場となるハルティッヒ網を作るのだ。そこまでおよそ5週間を要している。

顕微鏡で観察すると、根の先端を除いて細根の周りを水分を集めるのが得意な菌糸マットが覆い、乾燥を防いでいるようだ。同時にマツタケはホルモンを分泌してアカマツの根をサンゴ状やフォーク状に枝分かれさせ、根が栄養分を吸収する面積を大きくしている。また、マツタケの菌根は抗菌作用を持つ抗生様物質を作り出して土壌微生物の攻撃から根や菌自身を守っている。

こうやって見てくると、どうも山の林内土壌の中にマツタケの菌糸が仲立ちした「地下のネットワーク」が形成されていて、アカマツとの間だけでなく、ネズやカシの仲間の広葉樹などの樹種間にも、多様な「物質と情報の伝達」が行われているのではないか、と想像されている。マツタケの場合は、実際にはまだ確認できていないが、そのうち明らかにされるだろうと期待している。

私たちの目には見えない地下で、インターネットのような、あるいはそれ以上に緻密で豊かなネットワークを彼らが構築しているのだと思うと、なんだか楽しくなるし、人間社会にも役立つヒントがありそうな、そんな気がしてくる。みなさんは、人間が「下等な生き物」と呼ぶ粘菌（変形菌）が作るネットワークが、もしそれを生かして鉄道網を作ったら、実際の首都圏の鉄道網よりも効率の良いものになるだろうという実験結果が最近公表され、話題になったのを覚えておられるかもしれない。

侮るなかれ、微生物である。

いずれにしても、マツタケにとってはアカマツのようなホストが、アカマツにとってはマツタケのような菌根菌が、それぞれが生き残るために獲得した「戦略的パートナー」なのである。

✡「楽しく腹をくくり腰を据えてマツタケを待つ」仲間たち

これだけでも困難いっぱい、前途多難を思わせる、まつたけ山復活への取り組みだが、まつたけ十字軍運動のメンバーたちは誰もみんな腹も腰もすわっている。

【まつたけの魔力と活動の楽しさにはまる】

阿閉《あとじ》仁美さんと眞弓さんは夫妻でスタート当初からの参加だが、仁美さんは「二人とも、まつたけの魔力と活動の楽しさ、面白さにはまっているみたいです。彼女は、作業している岩倉の山でまつたけが発生するまでは死ねないと宣言しています。しかし、あまり早く発生して彼女に逝かれては私が困ってしまう。かといって、いつまでも出てくれないと子どもたちが困るのではないかと、複雑な心境です。どうか、適当な時期に発生してほしいと、私は祈るばかりです」と笑顔で話す。

マツタケ、アカマツ、里山との付き合いは、そんなゆったりした時間の流れのあることと、その大切さも教えてくれる。

【20年後に期待を込めて】

長野県松本市で280㌶の山を管理している本郷財産区の飯沼多聞さんは「平成14年に起きた山林火災で松茸山を含めて170㌶が焼失したけれど、そこに現在、タネから生えたマツ（実生）が大量に発生していて、この山を20年後に素晴らしい松茸山にしたいと期待を込めて下草刈りなど手入れにあたっています」と、粘り強い取り組みについて伝えてくれた。

【困難なほど充実感が】

プロローグで紹介した「鹿背山元気プロジェクト」の中村伸之さんも「山全体を見れば手入れには気の遠くなるような時間が必要だけれど、お気に入りの場所を見つけて少しずつ範囲を広げていくことで、小さな達成感を積み重ねられます。10年、20年つき合おうと腹をくくっていれば、ゆとりを持って里山と向き合えます。何も急ぐことはない。それに、困難な現場ほど充実感を得られます」と言い切る。

それに、第2章と3章で紹介するように、20年も25年もマツタケの姿を見なかったアカマツ林で、市民が春に手を入れた場所にその秋、マツタケが発生したりすることもあるから面白いし、楽しい。

2. 多様な生物が姿を消し、質が劣化している里山

✡江戸中期の「公文書」に出てくる「里山」の呼び名

里山に話を移そう。歴史を辿ると、私たち日本人は縄文の昔から長い間、現在、里山とか里山林と呼んでいる集落近くの山の資源を採取して生活を維持していただけに、里山の意味についてある程度の共通認識はあると思われる。しかし、その科学的、生態学的定義となると定まってはいない。

里山という言葉の登場は歴史的にみるとかなり古く、江戸時代中期の宝暦9（1759）年、尾張徳川藩の『木曾御材木方』という「公文書」に、「村里家居近き山をさして里山と申し候」と、現在と同じような意味で用いていている。

この里山について、植物生態学者で里山研究会代表の田端英雄さんは、次のように語っている。

「里山林は農業用水を涵養し、肥料を供給する形で農業と密接につながりをもっているので、

里山林だけでなく、それに隣接する中山間地の水田や溜め池や用水路、茅場なども含めた景観を里山と呼ぶことにする。縄文時代以来人々が利用しながら維持してきた里山は、いわば人工的な安定社会である。集落、林、耕作地ときには採草地が入り組んだ日本の農村の景観は、見る人に安定感を与える。日本人は里山との関わりの中でその感性を養い、里山との関わりの中で日本の文化をはぐくんできた。私たちにとって身近な生き物は里山に住んでいるものが多い。

調べてみると、里山は絶滅危惧種も含めて、実に豊かな生物相をもっている。植物の種類も多いが、里山にはイノシシ、シカ、ニホンザル、キツネ、タヌキなど哺乳類もたくさんみられる。鳥類も豊富で、私たちの調査区（著者注：京阪奈丘陵）では1年間に100種をこえるだけでなく、日本のワシタカ類15種のうち12種が観察された」（里山国際セミナー・１９９４）。

これは、京都府と大阪府と奈良県に跨がる地域での関西学研都市構想による開発の是非を問うため、民間と大学共同でなされたアセスメントに端を発する里山研究会（１９９２年発足）の中間発表である。以来、マスメディアに里山コールが始まったように思う。

これに対して国は、里地里山とは、都市域と原生的自然との中間に位置し、様々な人間の働きかけを通じて環境が形成されてきた地域であり、集落をとりまく2次林と、それらと混在する農地、ため池、草原等で構成される地域概念としている。そして一般的に、主に2次林を里山と、それ以外の農地などを含めた地域を里地と呼ぶ場合が多いが、言葉の定義は必ずしも確定しておらず、このエリアすべてを含む概念として里地里山と呼ぶ、としている［日本の里地里山の調査・分析について（中間報告）環境省］。

以上に見るとおり、里山とは簡単に言えば、林と農地や小川やため池、それに住居などを含んだ環境だ。日本の絶滅危惧種の50％以上が生活する生息地が、私たちの身近にあるこの里山であって、決して深山幽谷の山々ではない。

「人間活動がアカマツ林を生んだ」

次に、里山の中核を占めるアカマツ林が日本に登場した歴史をみてみよう。考古学者の安田喜憲さんは、花粉分析から、縄文時代には瀬戸内沿岸にのみ見られたマツの花粉が、西暦500年頃になると本州とりわけ西日本、四国、九州で増加を見せることから、人間活動がアカマツ林を生んだと説明する。鎌倉時代になるとアカマツ林は本州一帯に特に増え、日本列島東北部には江戸時代から明治の初めにかけて増加したことを明らかにしている。焼畑式農業、たたら式製鉄業、塩田業などが原生林をハゲ山にし、次いでそこにアカマツが進出してアカマツ林が広がったとみている。

参考までだが、朝鮮半島ではすでに6500年前にはアカマツ林が豊富であった。

著名な生態学者の吉良竜夫さんは、稲作が伝わり、刈敷（かりしき）という広葉樹の若枝やサ

放置され荒廃が進む里山

サ、青草などを採取し肥料として水田に鋤き込むことで、マツ林が長く維持されてきたと生態学的に説明を付けている。窯業にはアカマツの薪が、たたら式製鉄業にはアカマツの炭が必要なので、アカマツ林は大切に育てられていた節がある。昔の絵地図を見ると、日本の景観はマツ林「優占」となっており、里山といえばアカマツ林という時代が長く続いていたに違いない。
一方、薪炭づくりはナラ炭を主としたため、コナラ林が育てられた。萌芽林と呼ばれるコナラ林などは、切り株から新しい枝が成長し、20年もたつと元の状態に戻るため、薪炭の再生産に都合のいい林だった。日本人は過剰利用による幾たびかの森林破壊を経験しつつも、江戸時代以降、林の持続的利用を行ってきた（コンラッド・タットマン『日本人はどのように森をつくってきたのか』築地書館）。

✡「近代化」に突き進んだ結果の里山崩壊

ところが、エネルギー源が大都市に限らず全国で全面的に石油や天然ガスに変わる時がやってきた。1962（昭和37）年の石油輸入の自由化や死者・行方不明者458人を出し戦後最大の炭鉱事故となった翌年の三井三池炭鉱事故、そして64年の東京オリンピックはその流れを決定的なものにした。

それ以前の日本人の生活は、木材、柴に薪炭、肥料など必要な物資の多くを里山から集めたり加工したりしなければ成り立たなかったため、生産者であり消費者でもある里山の住人だけでなく、都市生活者の生活も里山という生態系にかなりの部分依存していた。そのような生活サイクルは前近代的でレベルの低いこと、といわんばかりに、日本は国を挙げて猛スピードで近代化に突き進んだ。

そのなかで、人口の大都市集中に伴う過疎地域の拡大は里山の放棄を促し、さらに丸太輸入の完全自由化

人の手が入ってこそ里山の生態系は成り立つ

(1961年)は国産材の競争力を完全に奪った。

森林資源の利用はエネルギー源として確かに効率が悪く、不便である。そのことが、ますます里山の価値を低下させていった。それが今のような、一見すると緑はいっぱいなのに、活力のない山を作り出すことになった。日本は生産性と効率や費用対効果を追求する経済最優先社会に塗り代えられていったのである。

里山という生態系、つまり本来は豊かな環境が存在し持続していくための基盤は、もともと人が林を利用する行為が生態系に組み込まれることによって成立していたのだから、人がそれを放棄すればその生態系は成り立たなくなってしまうのは当然の帰結である。

また、「戦後、山の木を伐りすぎたのだから、それが減るのは保全の意味でいいことだ」といった里

里山崩壊を食い止めるには地道で根気の要る作業が求められる

山という生態系への科学的にも正しい理解を欠いた一面的な発想も、今日の里山の崩壊を生んだ背景として見逃せないものになっている。

さらに、森林破壊というと、すぐに熱帯雨林や奥山など原生林の無秩序な開拓や乱伐、違法伐採を話題にしがちだが、里山はもちろん人工林の放棄、崩壊もまさしく森林破壊なのである。どちらも適度に伐らないまま放置すると、逆に林の活力低下と破壊を起こすことを忘れないでいただきたい。

✡維持方法が面倒な里山林

原生林も里山林も人工林も、それぞれ生まれてきた経緯が違う。原生林は維持するための人手が一定期間加わっていない自然のままの森林で、維持する方法を生まれながらに持っている。明治神宮の森など例外はあるが、人工林は人がある材を生産する目的で作り上げた林であり、里山林は人が林の資源を利用した結果できあがった生態系である。放置しておいてもいい原生林に対して、里山林と人工林は人の手が入らなければ、アカマツ林が遷移林といわれるように里山林は最終的にはほかの林に移行するし（それ以上変化しない極相林に遷移）、人工林も目的とする木が姿を消したりする。同じ木々の集団だからといって決して同じではない生態系なので、当然その守り方も違ってくる。

人工林は残す木がはっきりしていて手入れ方法が分かりやすく育林技術も進んでいるが、維持方法が面倒なのがアカマツ林を除く里山林だ。

マツタケの生活する里山林の再生方法はアカマツを「優占」させることだから分かりやすいが、そのほかの里山林は、どの木をどの程度伐るのか、あるいは残すのかといった基準を設けにくい点で難しさがある。なぜなら、里山林からの物資の採取行為は人が自分たちの都合で決めていたからだ。

一見、緑の量は増えたが中身のやせ細った里山

それでも人は、生活に必要なものを適宜集めていたに過ぎないとはいえ、里山の生態に対して選択圧をかける役割を果たしてきた。人が物資を選択的に採取することが林内の樹種を調整・淘汰することにつながり、そうした人の手が入ることによって多様な生命の溢れる豊かな里山林という生態系が創られ、維持されてきたのである。

つまり里山の手入れは、単に漠然と木を伐ったりしているのではない。マツタケ復活を通したアカマツ林主体の里山再生が目的の私たちの取り組みは、経験と科学的な研究・実践・検証に裏付けられた「まつたけ山づくり」の方法論を持っている。

アカマツ林でない他の里山でも、もちろん、樹木の生理生態や樹木間の関係と、そこに暮らす

人々の生活を十分理解し、計画を立てたうえで木を伐っていた。そうした生活の知恵が縄文時代から続く里山の暮らしの中にはいっぱいあったのだ。

だから、人手が入らなくなって豊かな生態系を維持する力をなくした里山林は、樹種間の生き残り競争が一挙に激化することなどによって、たとえばアカマツやコナラのような、それまでの優占種が生きにくい環境になってしまった。木を伐り出さない分、里山は一見、緑は量的に増えたのに、じつは質的にはやせ細っていったのである。

その結果、かつて人によって保たれていたバランスをなくした里山林は、人手の入っていた時とは異なる緑が増え、陽射しも風通しも悪くなった。

これについては、もともと半自然な存在である里山林がより自然に回帰しただけだ、といった見方もある。確かに、里山林の崩壊についてこうした視点があるかもしれない。

しかし、人が縄文時代から営々と作り上げてきた里山という生態系に適応して共に生きてきた多様な生物が、崩壊の進む里山から追われ存亡の危機に瀕していると考えると、そう単純に片づけられる問題ではない。かつて私たちの身近にいた「ありふれた生き物」、たとえば、カタクリやフクジュソウやヒメシャガやツツジ類などの季節を感じさせてくれる野草や灌木、メダカやチョウ類やニホンイシガメやニホンウサギ、また里山の食物連鎖の頂点に生きるオオタカやイヌワシなどが減り続け、あるいは姿を消している。

逆にニホンザルやイノシシ、ニホンジカなどは増えすぎて獣害を引き起こし問題となっている。生物多様性が減少して生態系の均衡が狂ってきているのだ。増えすぎても問題、減りすぎても問題、自然をはじめ何事もバランスが取れていることが大事なのだと思う。

その里山を構成する2次林は現在全国に770万㌶あるといわれる。内訳はミズナラ林180万㌶、コナラ林230万㌶、アカマツ林230万㌶、シイ・カシ林80万㌶、その他50万㌶だ。これに農地を加えると日本の国土の４割にもなる。ちなみに人工林を代表するスギ林は450万㌶（人工林全体は１０３０万㌶）ある。

これは現在の数値で、たとえば京都府では１９５１年にはアカマツ林の面積は10万㌶を超えていたのに、２０００年代には6.8万㌶にまで減っている。しかも、昔のように元気な状態で残っているのでなく広葉樹の中で喘いでいる。実際には里山の緑は、質・量ともにかつてない苦境に直面しているのである。これが今の里山が置かれた姿と里山をめぐる問題である。

✡全国に広がる痛々しく悲しい里山風景

多くの生き物が棲めなくなったという深刻な実態にもかかわらず、見た目の緑の多さに喜び、私たちは日本の自然が豊かであるかのように誤った思い込みや評価をしてはいないだろうか。

今、老若男女を問わず、じつに多くの人たちが曜日を問わず山歩きに出かけているが、新緑や紅葉を愛で、景観に見とれるとき、その背後で確実に進んでいる「緑の劣化」「生態系の崩壊」を意識したりするだろうか。

世界では、年に4万種もの生物が絶滅している。これは13分に1種類の生物が地球上から消えていることになる。その原因はいろいろあるが、生息地の破壊が大きな要因となっている。

そして、人間生活の近代化、社会経済活動の大きな変化の中で、里山を価値のないもの、また価値の低いもののように考える人が多くなっている。豊かさを求め、経済最優先で新エネルギー源、工業製品の利用が急激に進んだためだが、その影響が最も激しく現れた生態系が里山のシンボル的存在のアカマツ林とコナラ林といえるだろう。両者で全国の里山林の面積の60％を占めている。

これらの林は今、樹木の病気であるマツノザイセン

山はほぼ全山枯れて茶色になったアカマツで覆われている（京都市周山で）

チュウ病（松枯れ病、松食い虫）とナラ枯れ病に喘いでいる。生息地の劣化によって、マツタケやホンシメジなど菌根性のキノコが棲めなくなったことがそれらのホスト樹木の樹勢を弱め、抵抗力を低下させたに違いない。

里山が置かれている厳しい現状を理解していただくためにも、一度ぜひアカマツ林やコナラ林など里山林に足を踏み入れてみてほしい。全国各地のアカマツ林を見て回ると、センチュウ病の被害で立ち枯れて〝白骨化〟し、倒れたアカマツの大木が累々とある様には心が痛む。そんな痛々しく悲しい里山の風景が年々、この国の各地で広がっている。

【アカマツの幹に太いアンプル注射が】

メンバーの堀井公雄さんは、復活させ隊が京都北部で行った〝出張作業〟の際に見たアカマツ林の異様な光景を次のように書いている。

「太いアカマツの地面から１㍍くらいの樹幹に薬剤の大きなアンプルが多い木には３〜４本打ち込まれていました。センチュウ被害予防のための注入剤で、１本の単価が２５００〜３０００円とか。４年ほど効果が続くとのことでしたが、すでに枯れている木にも付いていたことやメーカーの説明を聞くと、感染してしまった後で

マツノザイセンチュウ予防のために太いアンプル注射を打たれたアカマツ

は効果は期待できないようです。木1本に3～4本使用するとしたら計1万円前後。単純に考えたら、山全体では1万円×木の数、と大きな費用負担になります。それに見合うだけのまつたけの収穫が見込めるのか疑問です」

実際、作業した山では、まだ1本もまつたけは採れていないとのことだった。堀井さんは「これでは山は、それこそ金食い虫状態になってしまいます。悩める里山さえもが、生態系の原理ではなく経済原理に組み込まれてしまっているようです。だから私たちの活動が、全国に元気な里山が復活するきっかけの一つになったらと夢見ながら山の手入れを楽しんでいるのです」と、思いを吐露する。

✡私たちは里山崩壊にどう向き合っていくのか

　里山問題の改善、解決を一段と難しくしているのが、放棄された里山の地権者の問題だ。実際、都市化や過疎化で山の地権者が全国に散らばってしまって、山の管理ができなくなっているケースが多い。大阪・箕面市から活動に参加している松田洋子さんも、地元での里山再生の取り組みで、400人以上も地権者のいる山の問題で頭を悩ませた、と話している。

　このまま問題を放置しておけば、必ず里山はなくなってしまうだろう。里山保全というテーマも同時に私たちの前から消える、と私は考える。国が、日本人自身が、そこに棲んでいる生き物のことや日本人の原風景の果たす役割など、里山の機能を本気で考えてくれるように願うばかりだ。

　しかし、この問題にどう向き合っていくのか。大変な労苦と犠牲抜きには解決できない大きなテーマである。もし仮に、かつての豊かさに満ちた里山に戻すことが大切だと国民的合意がなされたとしても、おそらく、費用は誰が出すのかといった議論に終始することになるだろう、と私には思えてならない。そんな時間はもはやないと思うべきだろう。私は声を大にしてそのことを訴えたい。

　だから私は発信し、動いたのである。

✡里山土壌の富栄養化はマツタケの大敵

マツタケとアカマツの関係をさらに危うくし、アカマツ林を脅かしているのが里山の土壌の富栄養化だ。

かつて里山のシンボルだったアカマツ林からは春先、水田に肥料や土壌改良用として鋤き込む刈敷を採取するので、当然、刈り取られたアカマツ以外の木は大きくなれない。言い換えれば、アカマツの競争相手を人が押さえ込んでしまうわけだから、他の木が被い茂ることもなかった。それに、農閑期には集落こぞって山に入り、林内に溜まった落葉や腐植を集めていた。

すると、陽樹といわれ「日光大好き」のアカマツは〝我が世の春〟である。しかし一方で、毎年、落ち葉や腐植を掻き取られるのだから林全体の土壌は貧栄養の状態が続く。このため、アカマツは必要なミネラルを提供してくれるパートナーをほしがる。その相手となる菌根性のキノコとして、アカマツはマツタケを選ぶことが多い。

「多い」と曖昧なのは、アカマツと共生関係を営むキノコにはホンシメジ、ハツタケ、テングタケ、コツブタケ、ヌメリイグチなどたくさんあり、マツタケだけでないからだ。当然、競争に負けることもある。

とにかく、栄養分が少ない土壌環境があって初めて両者にとって真に都合の良い共生関係を結

マツタケを感染させたアカマツの苗（右）と非感染苗（左）では、接種後１カ月で、これだけの成長の差が見られる

ぶことができるのである。マツタケを感染させた場合、アカマツの成長が良いことも研究で分かっている。

しかし、両者の共生関係は見てきたように微妙なものだ。高度経済成長以降、生活方式を変えた私たちは、急速に里山林を利用しなくなった。すると、アカマツ林ではそれまでと逆の変化が生じた。競争相手の樹木が茂り、しかも集める人手もなくなって林床に残された落葉は微生物の活動によって分解され、年とともに腐植として林内に堆積していった。そうなるとアカマツ林の土壌は、人手が入っていた時と反対に富栄養化し、広葉樹向きの山に質的変化を来すことになる。

栄養たっぷり、ミネラルたっぷりの厚い腐植層があると、アカマツは栄養吸収を担っている細根を腐植層に伸ばしてくる。一方、マツタケの生活

山の富栄養化に有効な徹底した地掻き

帯は、鉱物質層といって腐植層の下にある土壌である。この地表の下わずか30㌢±10㌢の狭い範囲がマツタケの生活できる範囲だから、その上層にアカマツの細根が集まれば、マツタケの生活帯には感染できる細根が減ることになる。そうなったらマツタケの棲みかがなくなってしまう。

土地が肥えるとアカマツは共生相手がいなくても栄養摂取が容易になり、マツタケは「お役御免のお払い箱」とばかり感染を拒否され、根っこに付けなくなってしまう。実際、実験室では、肥えた土壌や水分を多くして育てたアカマツ苗は、マツタケ菌を接種しても菌根形成率がガクンと落ちてしまう。

腐植が溜ると、マツタケにとって一層都合の悪いことが起こる。秋、マツタケ子実体はつぼみ状態から成長して大きく開いたマツタケの傘の裏のヒダから落葉の上に胞子を落とす。落ちた胞子がアカマツの細根と出合うためには、腐植層をかいくぐって土の中に潜り込まなければならない。ところが、落ちた胞子には運動能力があるわけではなく、雨水に運ばれると想像されている。落ち葉を通り抜けても下に厚い腐植層があると、そこを通り抜ける際に胞子は腐植に捕捉されてしまう。

これでは、頼りとする地中の細根と出合うことは許されない。それに腐植の中で胞子が発芽したとしても、アカマツの細根をめぐる他の微生物との競争や戦いにエネルギー不足のマツタケの菌糸が勝てる可能性は低い。偶然感染できたとしても、マツタケは貧栄養の土の中でしか生活できないのだから、あえなく死ぬことになる。

しかも、なんとか無事に生活圏の土中までたどり着き、たとえ細根と出合っても、もうマツタケの助けを必要としなくなったアカマツに感染（共生）を拒否される。そして、マツタケ単独ではエネルギーの補給が絶えてしまう。これではマツタケの新しい命は生まれず、世代が途切れることになる。土の富栄養化はマツタケにとっては致命的なのである。

マツノザイセンチュウ病が事態悪化に拍車

アカマツとマツタケの共生関係が維持できなくなると、アカマツにも「問題なし」とはいかない運命が待っている。栄養豊かな林内土壌では、アカマツよりも広葉樹など他の種類の樹木のほうが競争力が強く優勢になり、次第にアカマツの樹勢は弱って勢力を失っていく。すると、病害虫などに対するアカマツの抵抗力が落ちてきて枯損率が高まるものと思われる。これは、マツタケのような菌根性キノコの生活が成り立たない土壌では、アカマツも健全な生活が営めないということなのか、あるいは両者の共生関係にはまだ解明されていない機能があるからなのかもしれない。

遷移林といわれるようにアカマツ林は、人が手を入れなければそのままずっとアカマツ林として維持されることはない。放置すればアカマツ林は必ずなくなり、もうそれ以上山の樹種が変化しない極相林になってしまう（遷移）。マツノザイセンチュウ病による枯損は、その遷移するスピードを速めている現象であり、被害が全国各地に広がっている。里山問題の深刻化が加速しているということだ。

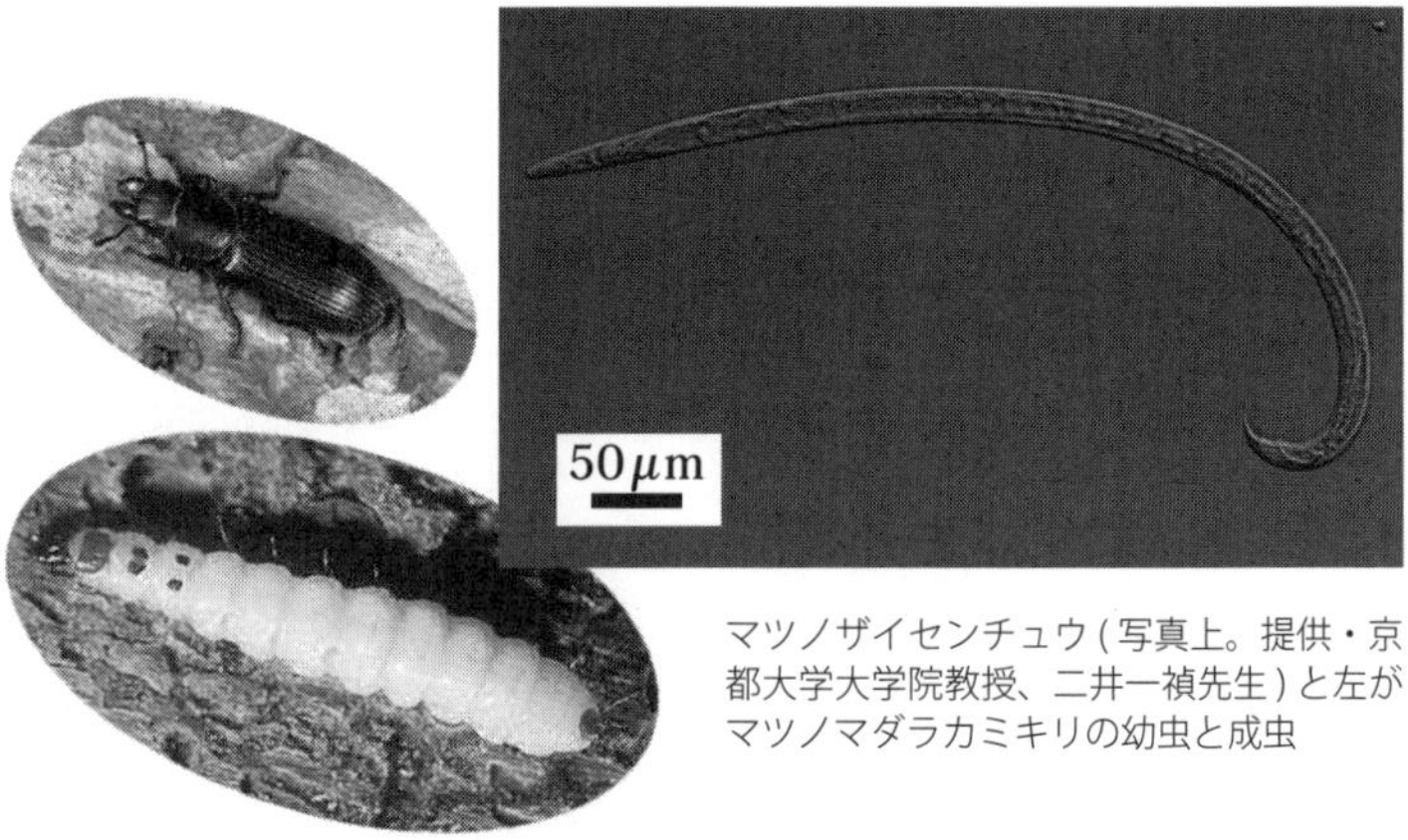

マツノザイセンチュウ（写真上。提供・京都大学大学院教授、二井一禎先生）と左がマツノマダラカミキリの幼虫と成虫

マツノザイセンチュウの被害は1905年（明治38年）に、長崎県で最初に確認された。今日のアカマツ大量枯損の始まりである。米国から輸入した木材の中に体長わずか1ミリ足らずの線虫が潜んでいたのだ。後に、マツノザイセンチュウという名をもらう新種の害虫の侵入だった。

この外来害虫の侵入と、その後の蔓延につながる「巧妙な出来事」について、マツノザイセンチュウ研究の第一人者で『線虫の生物学』（東京大学出版会）などを著している京都大学大学院教授の二井一禎先生に教えていただいた。私信なので先生の了解をいただいて、私の責任でポイントをお伝えすると、こうだ。

今、マツノザイセンチュウを媒介している運び屋（伝播昆虫）は体長2.5センチ内外の日本産のマツノマダラカミキリだが、最初の線虫はこれと同属で別種の米国のカミキリ虫と共に材に潜んで入ってきたと思われる。線虫を体内に持ったそのカミキリ虫が輸入材を抜け出して日本のマツ（お

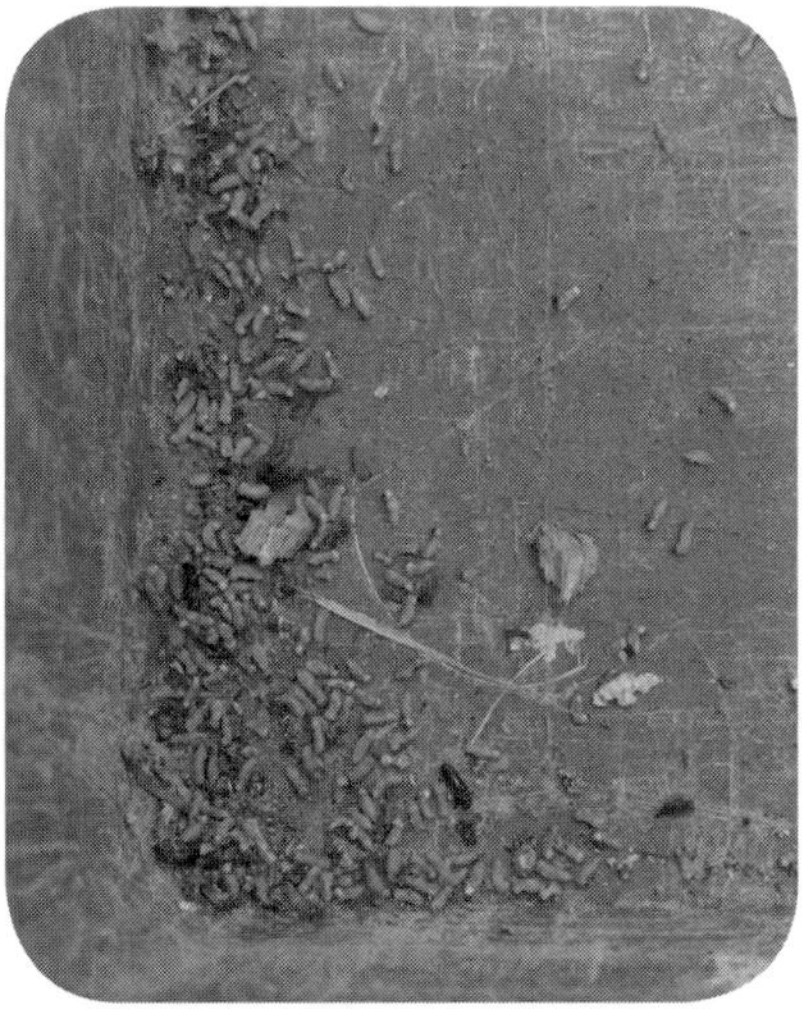

岩倉の山でもセンチュウの運び屋のマツノマダラカミキリの幼虫や蛹がたくさんの見つかる

そらく海岸のクロマツ）に飛来し、そのマツを摂食した時に線虫が材内に侵入し増殖してマツを枯らし、さらにその枯れたマツに飛来した日本のマツノマダラカミキリが産卵し、翌年羽化する際に新たな運び屋となって線虫を運び出した。米国の運び屋から日本の運び屋に伝播昆虫の「乗り換え」が起こったことによって、この害虫は広がっていく手段を獲得したのだ。

以来105年、被害は年々日本列島を北上し、日本海側ではすでに青森県に到達している恐れもある。太平洋側では岩手県中部に至っている。マツノマダラカミキリの蛹とセンチュウを持ったマツ材の輸送が被害を拡大しているといわれている。また、急斜面の上部にあるため処理の難しいザイセンチュウ病枯損木の放置が新たな感染を生んでいる。この被害で、京都市内でも周りの北山、東山、西山の景色が変わってきたことは、巻頭のグラビア写真のとおりである。茶色く枯死したアカマツの目立つ山並みは、やがてヒノキやスギかシイ林に代わるだろう。景観にとっても大きなマイナスだ。それだけではない。京都の伝統的行事であるお盆の五山の送り火の薪はアカマツを用いているが、このままでは、その薪の確保が難しくなってくるのではないかと心配されている。まつたけ十字軍運動は、アカマツの薪を確保するためにもアカマツ林再生活動を主導している。

まつたけ産地といわれる地域でのアカマツの枯損被害は、まつたけ産業、秋を味わう食文化にとっては致命的である。外国産「まつたけ」では代替できないところである。

薪の確保が難しくなっている伝統行事の五山の送り火

致命的とか深刻化といった言葉が続いたので、里山再生、まつたけ山復活は絶望的なのかと思って、これでは運動をする意味はあるのか、参加する意欲を持てないと考える読者がいるかもしれない。しかし、打つ手はある。大敵の富栄養化の改善には林内の徹底した地掻きが有効で、人手だけでなく、たとえば小型ユンボ（油圧シャベル）で腐植層など富栄養化した層を一気に削り取ってしまうのだ。そのあとに、若いアカマツ林を育てるのだ。

とにかく忘れてならないのは、人間の活動（生活）も里山という生態系に組み込まれ、一定の役割を果たしつつ営々と営まれてきた歴史があるということ。その結果、里山は多様な生き物が棲む豊かな生態系になったのだ。

この人の活動と役割が途絶えた時代に、元の豊かな里山の復活をめざして全くの素人である市民たちが決して絶望せず、腰を据え、楽しみながら積極的にかかわっている。それが私たちの「まつたけ十字軍運動」であり、「まつたけ山復活させ隊」だ。その取り組みの必要性と意義を、お伝えしたいというのが本書の一番のテーマである。

3. 激減を続ける国産まつたけ

✡かつてのわずか90分の1以下に

農林水産省の外局・林野庁のまつたけ生産量についての統計は１９０５年（明治38年）から始まるが、明治以降、それまでハゲ山だったところに治山治水工事が行われるようになるとアカマツ林が増加をみせ、それにつれてまつたけの生産量も増えている。

１９０５年は３０１５トン、１９００年代は年間平均２７２６トンだったが、１９１０年代（１９１０〜１９１９）は３８６３トン、１９２０年代には５５３１トン、１９３０年代は最高で７５８２トンの生産量を記録している。１９４１年には単年度で史上最高１万２２２２トンになっている。

　戦後になると、戦災復興のため木材の需要が高まり、１９５０年にはアカマツがパルプ材として用いられるようになった。チェーンソーがアメリカから導入されると造林の拡大が加速し、今では日本の森林の４割が人工林になっている。これによりアカマツ林は減少、つまりマツタケの生息地の減少は、１９４０年代の年間平均生産量５８０６トンが、１９５０年代には４９８５トンと大きく落ち込む結果となって現れている。

　高度経済成長期に突入後、里山放置による質の低下はとどまることはなく、しかも急速に進んだ。これは生息地（面積）の減少と異なり、ボクシングのボディブローのようにじわじわと時の経過とともに生産減少に効いてきた。開発によるさらなるアカマツ林面積減少も止まらず、両者相まって60年代後半

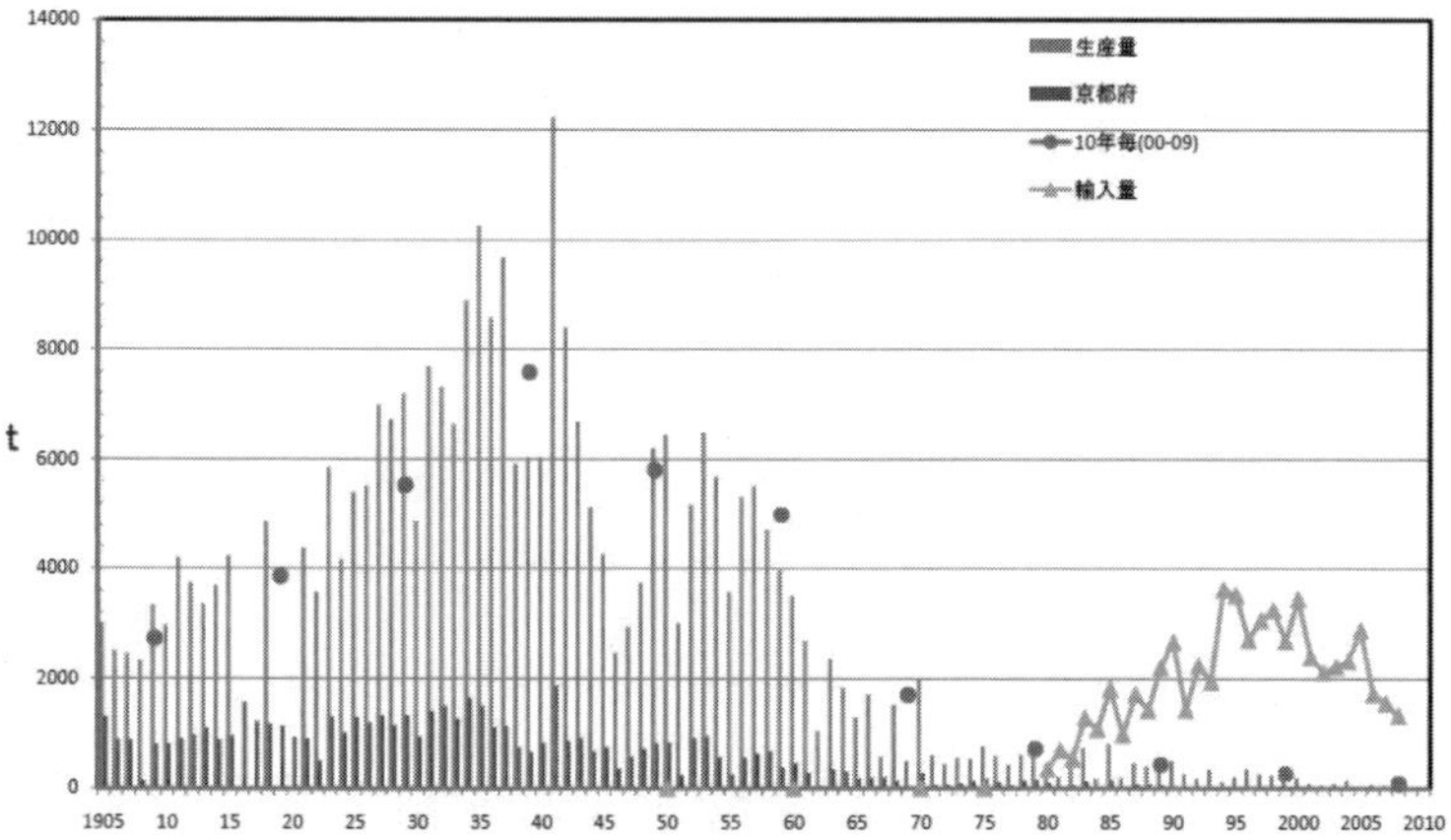

マツタケの全国生産量と輸入量(林野庁)

になると生産量は一気に落ち込んでしまい、年２０００トンを上回ることは最早なくなってしまった。70年代には１０００トン台を切って722トンとなり、以後減少の一途をたどってきた。
人口は増え、さらなる経済成長が続き、紙の需要増による樹木の伐採、ゴルフ場や宅地造成などの開発は止むことを知らずという状態でマツタケの生息地の減少は進み、加えて放棄アカマツ林の劣化の程度はすざましく、１９９０年代には年平均が267トンとなった。２０００年代には85トンと、１９３０年代の90分の1以下という大激減である。

【今は昔の「えぇ！今日も松茸ぇ〜」】

この激減ぶりを物語るエピソードを教えてくれたのは、京都の夏を飾る祇園祭の山鉾の一つ「太子山」を支える下京区太子山町に住む運動に参加して5年の松浦輝雄さん。「昭和26（１９５１）年から28年頃の秋の宴会は、『えぇ！今日も松茸ぇ〜』の声が出ていたと思います。それが、『もう今の会費では松茸は手に入りません。タイとヒラメの刺身で我慢してください』となり、昭和51（76）年が最後の松茸パーティーの幹事役となりました」という懐かしくも残念な思い出であり、食文化の変化を物語る証言だ。

発生時期の秋の暑さに弱いマツタケ

21世紀になると、今度は地球規模の気候変動がマツタケの生育に一層のダメージを与えるようになってきた。マツタケの発生期に、京都でいうと10月の第2週頃に「えっ、まだ夏」とか、「激しい残暑のぶり返しだ」といったことが常態化しているように思える。

これは、マツタケの子実体（キノコ）発生や成長の条件として大ピンチ。夏の終わりまで順調にマツタケのシロは育ち、秋の朝の凛とした冷え込みが訪れる頃、地下のシロはキノコの芽（子実体原基）を作る。とにかく夏が終わらないことには、低温による刺激がないため原基ができないのだ。

この温暖化の原因はともかく、気温上昇に伴って地温も確かに上昇している。そして、さらに悪いことには一度秋の冷え込みが訪れた後に再び厳しい残暑がやってくることが多くなった。しかも、残暑の時は雨も少ない。すると、最初の冷え込みで作られた子実体原基は大きくなれずに土の中で腐り、そこに栄養を送っていた菌根も消耗してしまう。その後、たとえ気温が下がって再びマツタケ発生の好条件に恵まれても、シロの先端部のキノコの芽をつくった部分にはすでに元気な菌根がほとんど残っていないから、もう新たなキノコの芽はできない。これがマツタケ発生の高温障害である。つまり、キノコの芽の形成が可能な菌根は春から伸び始めた菌根で、その寿命は通常1年と考えられているのだ。

「えっ、マツタケのシロの寿命は、そんなに短いの？」と驚き、心配になるかもしれない。だが、シロの仕組みは、とてもうまくできている。秋にキノコの発生が終わって冬になるまでの間、もうアカマツの細根は伸びないが、シロの先端部の子実体原基の形成に関与しない菌根は弱ってはいるものの休眠するまでの間に新しい菌糸を伸ばす。その菌糸が生き残り、翌年の春先になって、アカマツの細根が近くまで伸びてくると、それに感染して新しい菌根を作る。菌糸はそれまで生き残り、ジッと耐えながら新たな出合いを待っている。シロはそうやって成長し、広がっていくのだ。

温暖化は、マツタケ主産地の北上を招き、広島県、岡山県、兵庫県、京都府など西日本にあったマツタケの主産地の多くは今、長野県に移ったように見える。しかし、東北の産地でも残暑のぶり返しは発生量の低下や凶作を招いている。

これも参加者の作品

第2章

世界唯一の「岩泉まつたけ研究所」15年の成果

1. 待つ茸《だけ》、採る茸《だけ》から「まつたけ栽培」へ

✡「ふるさと創生資金」で誕生した研究所

マツタケとアカマツと里山が置かれているこの厳しい状況を、どうやって再生・復活していくか、それに取り組む「まつたけ十字軍運動」はどんな経緯で生まれたかを、私とマツタケの長い付き合いの一端からお話しさせていただこう。

始まりは大学の卒論のテーマに、マツタケのシロの外側の土壌で生活する細菌群の生態についての研究を選んだことだった。先に紹介した、濱田稔先生の門下生となった1960年代半ばのことである。

諸先輩や同輩たちは「マツタケを我が掌中にせん」とばかりの勢いで研究を始めたのに、時を経て「気がついたらマツタケの虜になっていた」という自らの経験を異口同音に語る。結局私も、あれ以来マツタケとは直接、間接合わせると40年を軽く超える付き合いで、やはり虜になってしまっている。簡単に言えば、全貌を解明するのがとても難しい、というよりはマツタケが人間に全貌を見せないというのがぴったりな、このなんとも不思議で魅力的で手ごわい相手と離れられなくなっている。

世界唯一の「岩泉まつたけ研究所」

京都での研究生活の後、私は1990年4月、岩手県岩泉町が創設した世界唯一といわれたマツタケの専門研究施設「岩泉まつたけ研究所」の所長に招かれた。

それまでの基礎研究で培った知識や成果をもとに、岩泉町のまつたけ産業の育成に取り組むこととなったのである。幸いにも、2005年に退任するまでの15年間に岩泉町のまつたけ生産量は飛躍的に増加し、毎年、新聞やテレビに何回も岩泉のまつたけが紹介され、「岩泉まつたけ」がブランドとなった。

次のような経緯だった。西日本では、岩泉町を紹介するのに「有名な鍾乳洞の龍泉洞がある町」といっても、どうも理解されない。ところが今は、「東北のまつたけの産地」というと結構分かってもらえるようになった。ここでも、まつたけとはスゴイものと改めて感心するのだが、逆に地元では、そのスゴサを理解しようとしない人が少なくなく、これまた奇妙である。

岩手県の県庁所在地盛岡から、東へ標高１０００メートル級の北上高地をまたぎ、太平洋に向かって100キロ行ったところが岩泉町の中心となる。太平洋を望み、本州最東端に近いこともあって地元の人は「隣町はアメリカのハワイ」とユーモア感覚で紹介したりする。面積は約１０００平方キロメートル、町としては本州一広い。といっても想像しにくいが、東京都23区の1.6倍の広さだ。対して人口は1万人ほどで、森林面積が全町の約94%。町のシンボル樹はアカマツで、森林面積の19%を占める。薪炭や材の生産など林業と畜産が基幹産業だった。電灯が盛岡市に次いで早く灯ったという経済力豊かな歴史を誇っている。

しかし、１９６１（昭和36）年の丸太の輸入完全自由化が、その林業をジワジワどん底へ引き込んでいった。これは岩泉に限らず全国共通で、国産木材は競争力を失って今や自給率22%である。そうした事態が予想できたにもかかわらず国は、高度経済成長期の日本では木材需要は伸び続けるとの見通しから「分収育林制度事業」の名のもと、樹が売れたら林家（山林所有者）と国で利益を半々にすると約束して植林事業を進めた。

当然のことだが、高度経済成長で人件費が高騰するなか、急峻な地形の多い日本の木材では、とても外材との競争には勝てっこない。いくら待っても売れるはずもない。その結果、国にも都道府県にも、そして林家にも大きな借金が残った。もちろん、樹木も残った。そして、多くの花粉症患者が生まれたといったら皮肉が過ぎるだろうか。

この樹木を何とかしなければ、というのが日本の林業の喫緊で最大の難問である。しかし、木材の輸入システムを考え直さずに、本当に国産材が見直される状態になるのか。環境破壊など課題は山積である。おおざっぱな話になるが、農業は主食を生産しているため補助金など手厚い保護政策が採られているのに比べ、多くの林家は林業を営む意欲を持てない状態にある。

そうしたなか、「アカマツとくれば、やっぱりマツタケ」の言葉どおり、アカマツの多いこの町は、町民の陳情もきっかけとなって、まつたけ産業の育成を町おこしとして考え、アイデアを練り行動に移した。その中心になったのが町役場の当時の林業水産課課長、高橋房雄さん。１９８９年のことである。

確かにマツタケは、外国産と国産の価格差が極端に大きい変な食品だし、夢のある食品だ。国産まつたけは競争力を失ってはいないのである。そこに目を付け、希望を託したのだ。

高橋さんから私のところに、町林業水産課職員と森林組合職員を対象にした学習会「マツタケの生理生態に適うまつたけ山づくり」の講師の声がかかり、4回ほど岩泉町に出掛けることになった。岩泉のアカマツ林を見て、西日本と比べ林内の植物の種類（植物相・フロラ）も、山の姿も異なり気象も違うと痛感した。そして勉強会も終わりとなった12月、慰労会の席で私は、こんな締めくくりの話をしたと記憶している。

「冬の寒さが厳しい岩泉町のアカマツ林は、マツノザイセンチュウの害がなく美しいし、まつたけ産業に適している。そのことはうらやましいが、京都と違うことが幾つかある。林内には落葉樹が多く、常緑樹はマツ以外にはなく気候も大きく違う。マツタケの研究は京都など西日本を中心にして進んできたから、環境条件が異なる岩泉町のまつたけ産業育成のためには、植物のこともマツタケのことも一から調べなければならない。それをやる専門的な研究機関が必要だと考える」。

もっとも私の話は、地道な基礎研究をする機関というのは大変な金食い虫だから、そうした研究所が岩泉町で創設されることなど絶対にないと、固く信じた上でのものだった。

ところが時は、金塊購入や温泉掘りなど使い道が話題になった、竹下内閣によるあの「ふるさと創生1億円資金」の交付が予定されていた、まさにその時期だった。岩泉町は、これを活用した。勉強会終了の翌年早々だったと思うが、突然、高橋課長から「先生の話された、まつたけ研究所を設立するから所長で来てほしい」と、連絡があったのだ。

✡林業水産課長の熱意に打たれ所長に

これはその後、岩泉に住むようになって知ったことだが、研究所の設立をめぐっては賛成・反対で町は二分されるほど大いに盛り上がったらしい。それでもどちらかというと、町民の多くは大土地所有者である一部の林家を利することにつながるのでは、と危惧したようだ。高橋さんは、町長を説得し、職員に話をし、町の有力者を説いて回った。町民、役場、議会、さらに関係団体などの理解や協力を得るのに、粘り強い大変な努力を要したと聞いた。それを審議する議会は何度も延長され、結論が出たのは町政史上始まって以来の深夜議会であった。それを最初に知っていたら、私は決して岩泉町には行かなかっただろう。

その招請に私は、「前向きに」といった返事はしなかった。小さな町の財政では設立しても研究所を維持できるとは信じていなかったし、首長が変われば研究所なんてどうなるか分からないと思えた。仮にできても、もっと若い研究者が良いのではないかとも思ったからだ。それでも最後は、「勉強会の講師でなじみのある吉村さんに、この町のまつたけ産業育成を任せたい」という高橋さんの熱い気持ちに打たれたことと、マツタケの生態を科学するために必要なフィールド、アカマツ林が非常に魅力的なところでマツタケの基礎研究と生産という応用研究ができる喜びを思い、申し出を受けたのだった。

それに私の妻、知恵君は神戸市の生まれで雪を見たいと見知らぬ北の地に旅立つことを大いに喜んでくれた。彼女は、岩泉での初雪に喜び、雪だるまづくりを楽しんだ。それを見た地元の人が「冬の生活の苦しさの元凶は雪だ」と彼女に言った。

１９９０年７月、マツタケ学と地域の産業育成を目的とする世界で唯一の岩泉まつたけ研究所は本格的な活動を始めた。ふるさと創生資金の使い方のユニークさなのか面白さなのか、町は自治大臣賞をもらい、地方交付税交付金がさらに交付され合計5億円となった。その一部を研究所運営に使用できるようになった。

✡町のまつたけ産業は15倍に急成長

岩泉には、とにかく期待の持てる若いアカマツ林が豊富にある。もちろん、この町にも生活の近代化は着実に押し寄せていて里山林の活用は落ちていた。しかし、それでも絶えてはいない。この絶えていないことに、じつは大きな意味がある。岩泉町のマツタケの生産量がその後、大きく伸びた理由は、林内土壌の富栄養化が進んではいるものの、今も林を活用する生活がなんとか続いているため、他の地域と比べて富栄養化の程度が違うのである。マツタケにとって、林を利用し続けることが一番大切だということを改めて教えられた。

私が第一に取り組んだのは、マツタケの生活、つまり、マツタケの生産にはアカマツ林が富養化しないように腐植層を掻き出したり、アカマツと競合する樹木の伐採などの山の手入れが欠かせない重要な作業であると、林家の人たちに理解してもらうことだった。

私は、広い町内各地に出掛けては夜毎、「マツタケのスライド上映会」を開いて、その重要性を説いて回った。しかし、「マツタケは出るのを待って採るだけ（まつたけは待つ茸、採る茸）」といった従来からの考え方が強く、私の「まつたけは栽培するもの」という考え方と実践方法は、

整備され美しい岩泉町のアカマツ林

当初はなかなか理解してもらえなかった。真冬は50㌢ほどの積雪があり、除雪されてはいたが不慣れな凍った山道を、車を運転して話し合いの会場に行ったこともあった。

一つ目の仕事が生産についてなら、二番目は販路の拡大、情報も含めて国産まつたけの全国の集散地であり消費地の京都で、岩泉まつたけの名前を広めることだった。まつたけに特別な思いを持ち、〝まつたけ文化〟の長い歴史のある京都だが、なにしろ岩手県でまつたけが採れることを「信じない人」もいるほどだった。

そこで、岩泉町森林組合の工藤均さんが京都のまつたけ専門業者「錦のかね松」に指導を受けながら、まつたけの採り方、箱詰めのし方、輸送方法などを研究してくれた。彼は今、独立して友人とまつたけ集荷・販売を専門にしている。

こうした取り組みが功を奏する日がやってきた。正直言うと、そんなの当たり前だという気持ちもあったが、それでも密かに「やった」と思った。山に手を入れることによって、まつたけが良く採れるようになると多くの林家に認められたのは、研究所開設から4年たって岩手県がまつたけ生産日本一になり、岩泉町が県下で一番となった１９９４年のことだった。

岩泉町の最北端に安家という地区がある。石灰岩地帯で、美しいアカマツ林が豊富にあるところで有数のマツタケ産地だ。なにしろ今では、1ヘクタル当たり10キロも採れれば素晴らしい山だというのに、そこには0.5ヘクタルで50キロもの生産を誇るアカマツ林がある。そんな刺激も加わって町も、まつたけ発生環境整備事業を積極的に広めるようになった。

その結果、研究所設立前の岩泉町のまつたけ生産量が年間1.8トンだったのが、山の手入れが進んだ94〜97年には4倍の年平均7.1トン、90〜97年をとっても3倍ほどの生産量を記録した。販売価格もブランド化や品質管理が進んだことを反映して市場の評価が高まり、1キロ当たり5万円と、それ以前の約5倍となった。岩泉町のまつたけ産業は都合15倍に急成長したのである。

これにはマスメディアの影響も大きかった。岩泉まつたけ研究所が新聞やテレビなどで取り上げられる回数は、年間30回を下らなかった。秋には必ず、岩泉のまつたけが画面、写真、記事で茶の間に登場し、宣伝効果は抜群だった。ブランド化が一気に進んだ。

話は一挙に南半球に飛ぶけれど、その間には、こんなこともあった。

オーストラリアは日本と季節が逆である。もし、オーストラリアでマツタケが採れたら、春先に日本へ輸出できると考えて、オーストラリアの研究者が岩泉のマツタケを培養菌糸の形で持ち帰った。

研究材料として実験室で隔離して育てるという意味なら許されるが、彼らは野外で栽培しようとしたのだ。現在と違い、外来種の移入についての問題意識がまだ薄い時期だったとはいえ、外来種の移入・移出は、必ず移入先の遺伝子的多様性を乱したり、生態系を狂わせるといった大きな問題をはらんでいるだけに、相手国にオリジナルのマツタケがないから構わないといった単純な問題ではない。思い

生命を育むネットワークの構築に向けて

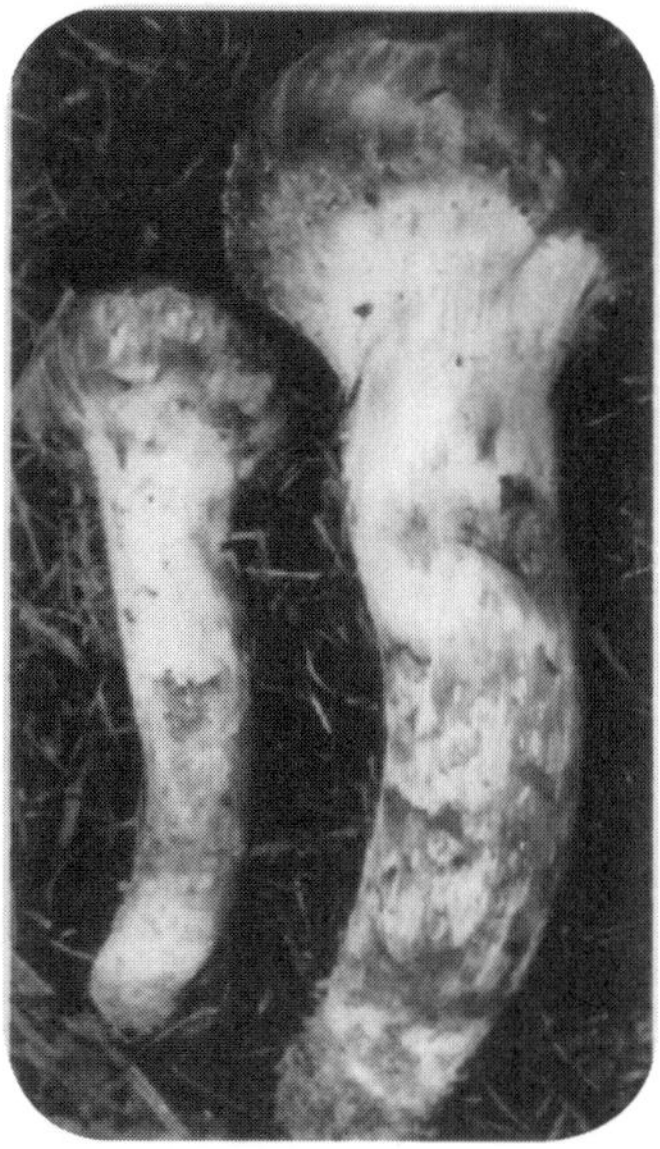

岩泉のマツタケと同じ遺伝子を持つスウェーデンのマツタケ。見た目はそっくりだが、足（軸）が長く細いという特徴をもつ

出すと今でも冷や汗ものである。その後、オーストラリア産マツタケが輸入されたという話を聞かないから、彼らの人工栽培は成功していないのだろう。

今度は北の話。北欧のマツタケが日本のものと遺伝子がほとんど同じと分かって話題になったが、スウェーデンからは若手研究者が岩泉に勉強に来た。わが家に1週間ほど泊まって、マツタケの生理生態などを勉強しただけでなく、料理の仕方、食べ方を覚えて帰った。そのとき、改めて遺伝子の分析もしてみたが、やはり岩泉まつたけと同じだった。

思い出すと、研究所生活の話は尽きないけれど、いい話ばかりではない。苦労した一つは書籍や特に新しい知識の載った文献の収集。地元大学など近くに馴染みの研究者がいないことなどもあって、とにかく大変だった。もう一つは、「あっ、そうだ。これをしよう!」と思ったとき、地元に通じていれば「これは誰々に、あれはこの人に頼めばいい」と、その才能の持ち主についての情報を持ち合わせているものだが、それに事欠くので不便だった。

単に個人的な問題としてではなく、地域で情報格差をどう克服し、どう優れた情報ネットワークを構築していくかという、研究だけでなく住民運動やボランティア活動も含め、どの分野にも共通する課題だと思う。マツタケとアカマツの間の高度で優しい生命のネットワークに負けない、いや、彼らの再生・復活をサポートできる私たちの側の生命を育むネットワークを築きたいと強く思う。

地元と復活させ隊による新たな活動の場に

マツタケの基礎から応用までトータルに研究する機関として世界的に知られるようになった岩泉まつたけ研究所は、その15年にわたる役割を終え、２００５年3月に閉鎖された。今は岩泉のマツタケ研究の資料館として岩泉町森林組合に管理が委託され、試験林の視察ができる。

それでも、岩泉を去って5年がたち、その間にマツタケ研究15年の歴史は風化していく一方で、蓄積された貴重な研究と実践の成果、財産を生かしていないようで、今後どう生かしていくのか気になっていた。それが、地元岩泉商工会会長の八重樫義一郎さんが所有する山を試験林に設定して、地元の「杣人（せんにん）の会」（山崎成一会長）の方たちと私たち「まつたけ十字軍運動」のメンバーが共同で管理することが決まり、新たな取り組みが始まることになった。その山はマツタケが発生する美林なので、とても期待し、楽しみにしている。

里山にはいろいろな
野鳥がやってくる

2. 里山とマツタケを復活させるのは自由で豊かな発想

✡里山復活とまつたけ山づくりをつなぐ

私は京都に戻る前年の２００４年秋、研究所での成果を世に問う『ここまで来た！　まつたけ栽培』（トロント発行）を書いた。マツタケの林地栽培の発想と技術をまとめた本で、こういった本はマツタケの生理生態やアカマツ林の手入れのし方などのハウツーを解説するのが一般的だ。私はそれは少し違うと思っていて、まず第1章で「今なぜ、マツタケとまつたけ山なのか」と、従来の発想への問いかけを行った。

アカマツ林をはじめとする里山には多様な生物が棲み、景観・環境として人の心を育む役割をも持つ、人間にとって極めて重要な生態系だという認識が１９９０年頃から進んでいたからだ。また、国産マツタケの激減という問題を「まつたけ産業の衰退」と捉え、その解決のために生息地の山の手入れをするといった一面的な発想では問題の本質と全体像を捉えきれず、根本的な解決につながらなくなってきている、という強い危機感とともに、その克服への熱い思いと信念があった。アカマツ林の破壊とマツタケ発生量の減少とが密接に関係していることは以前から知られていたが、「マツタケ増産のためにアカマツ林を整備する」という従来の考え方や発想では、もう対処できないほど事態は深刻化していて、その壁をどうやって超えるかを迫られていたのだ。

だから私はこの本の冒頭で、まずマツタケとアカマツ林の問題が、深刻化する地球全体の環境破壊や、そこに住む人間の生き方、社会のあり方と密接につながっている問題だという現状認識が欠かせないことを指摘した。

そのうえで、問題の克服には生物多様性と生態系を守るための自由で豊かな発想をもって取り組むことが重要であり、目先の経済優先とは質的に異なる新たな「文化的な創造」なしにはアカマツ林（里山）の再生もマツタケの増産もあり得ない、という基本姿勢を強く訴えた。

その考えに基づいて私は15年間、岩泉町で研究と実践に当たってきたのだ。少し発想とやり方を変えたのである。従来の方法はマツタケ未発生林にのみ手入れを施していた。しかし、未発生林からのマツタケ発生（いわばゼロから有を生む）までには時間がかかり、しかも岩泉町には若い未発生林が多いので、この従来のやり方に加えて、今思えば、これがミソだったのだが、それまでに1本でもマツタケが発生している林には、老齢林でも若齢林でも壮齢林でも手入れを実施した。

つまり、マツタケ発生林の整備方法を完成させることによって「マツタケ増産」という大きな成果を上げることができた。「ゼロ（無）から有」には時間を要するが、「有から有（増産）は簡単なのだ」という発想の転換による挑戦が実を結んだのだった。もちろん、マツタケとアカマツ、また里山の環境についての基礎研究に裏付けされた科学的な知識、情報の蓄積があったことはいうまでもない。

✡「まつたけの聖地」での再生市民活動を計画

そして２００５年４月、私は岩泉での15年の務めを終えて京都に戻った。いよいよ自由な立場で、ずっと構想を温めてきた里山再生に取り組む時が訪れたのである。崩壊する里山再生には、私の場合は長年の研究と実践のフィールドだったアカマツ林の再生なのだが、何といっても相性のいい「マツタケの生産」がキーワードだ。

そこで私は、「まつたけ十字軍運動」を始めるにあたっても、「里山の再生・保全・復活をマツタケの増産で実現する」と、「つながり思考」「自由な発想」で取り組むことを市民と林家に訴えようと決めていた。

なにしろ京都では、マツタケは保全の必要がある京都府の絶滅危惧種になっているほどだし、京都のまつたけ生産量は、１９３０年代が全国と同様多く年間１１９０トン、それが60年代になると一挙に223トンに激減し、２０００年代には僅かに5.4トンと、かつての面影は全くなくなっている。

それだけに、江戸時代から日本一といわれてきた「京（みやこ）まつたけ」を復活する「まつたけ山づくり」が里山の再生活動としてふさわしいと考えたのだ。しかも京都は、グラビアに出ている「マツタケの碑」の建つ近代マツタケ研究の聖地といわれる場所でもある。これを実践する「場」のアカマツ林を確保し、まつたけ山づくりを市民と一緒に始める準備にじっくり時間をかけてやろうと計画を練っていたのである。

軽く楽しみながら、とにかく始めよう！

むろん、悩みはあった。飽きっぽいところのある市民に、いつまでたってもマツタケが顔を出さないかもしれない運動が受け入れられるかどうか分らない。まつたけ山の手入れには山仕事だけに危険も伴うし、強調するけれど、「作業が済みました。はい！まつたけの収穫」となるほど、今の近畿の山では簡単、単純ではない。

まつたけ山づくりのための手入れは、マツタケ未発生林の適地を判定し、マツタケの生活に適う林に仕立てていくという方法をとる。その成功率は本当のところは分らないが、正直その確率が低いことは第１章の「恋愛成就までは苦難の連続」の話でお分かりいただけただろう。また、傘が開く前の小さなツボミの段階でマツタケを採取する昨今のこと、次世代のマツタケの増殖に不可欠な胞子が飛ばない。そのため完璧な受け入れ体制を整えた林であっても、これでは絶対にマツタケは出てこない。

しかし、それでも自然というのはうまくできているもので、発生したマツタケがすべて人に採られてしまうわけではない。いわゆる「採りこぼしマツタケ」が必ずあって、その胞子が受け入れ体制を整えたアカマツ林に飛んでくることが期待できるのである。

実際、次のようなこともあるから不思議だし面白い。私たちの運動が始まって3回目の秋(2007年)、活動の拠点の京都市左京区岩倉の山で、メンバーたちが手入れしたアカマツ林に20～25年ぶりに京まつたけが1本発生したのだ。新聞などで全国に伝えられ話題にもなったが、これは荒れたアカマツ林の中で、たまたま生き残っていたマツタケ発生の源になるシロが手入れによる刺激でマツタケを発生したのである。

ただ、ここ何年か1本しかマツタケを採ったことがないといったアカマツ林は多くの場合、放置された林で土壌が富栄養化していて、アカマツも老齢化している。しかもマツノザイセンチュウ病による枯損で木の数も少なく、残っていても広葉樹との競争に苦しんでいる状態だ。したがって、まつたけ産業再生という意味では、老齢林でのマツタケ復活は日本全体のマツタケ生産量に大きく貢献することはない。やはり、これから生産量が増える見込みのある若いアカマツ林を増やさなければならない。

また、マツタケの大敵である土壌の富栄養化した林でも、徹底した地掻きなど手入れによって見た目は素晴らしいアカマツ林に戻すことができる。しかしそれでも、いったん富栄養化してしまった土壌をマツタケ向きに変えるには時間がかかる。まつたけ産業はもともと、愛情をかけて山の手入れを続けなければ実を結ばない根気仕事なのである。

何十年にもわたる里山の放棄、崩壊を乗り越えて「まつたけ産業」を再生させるとなると、若いアカマツ林を再生し、長い時間をかけて手入れを続けていかなければならない。全国の林家は今、山で会うたび私に「自分の代には無理だが、せめて孫かひ孫がまつたけ生産で生活が成り立つように、若くて元気なアカマツ林をつくりたい」と訴える。胸を打たれるが、この問題の解決はそれほど困難なのだ。

それでも、１本でも「マツタケを見つけられる山」は私たちの運動にとってはとても大事である。秋になったら山の神の贈物を楽しめそうだという、参加する仲間たちの夢が大きくふくらむからだ。そんな期待の持てる山の手入れなら、市民は興味を持って参加・協力してくれるだろう。運動の場の山探しには、そんな思いで取り組むことにした。

恩師の濱田先生なら、きっと「やってごらん」とおっしゃると思った。とにかく、始めないとことには何事も始まらない。私が全力で取り組んできたマツタケ学をフィールドで実践していけば、きっと里山の代表アカマツ林の再生につながる。軽く、楽しく「とにかく始めよう！」である。

十字軍運動のベースキャンプにはいつの間にか近所の子供たちの姿も

第3章

「まつたけ山復活させ隊」いよいよ集合！

このイラストはメンバーで数学教師の榎本輝彦さんが描いた現在の私たちの活動地域周辺のマップ。これと見比べながら読み進めていただくとイメージがふくらむと思う。ベースキャンプにある看板もメンバーの宮崎昭さんの作品。

まつたけ「十字軍」運動・活動(作業)域

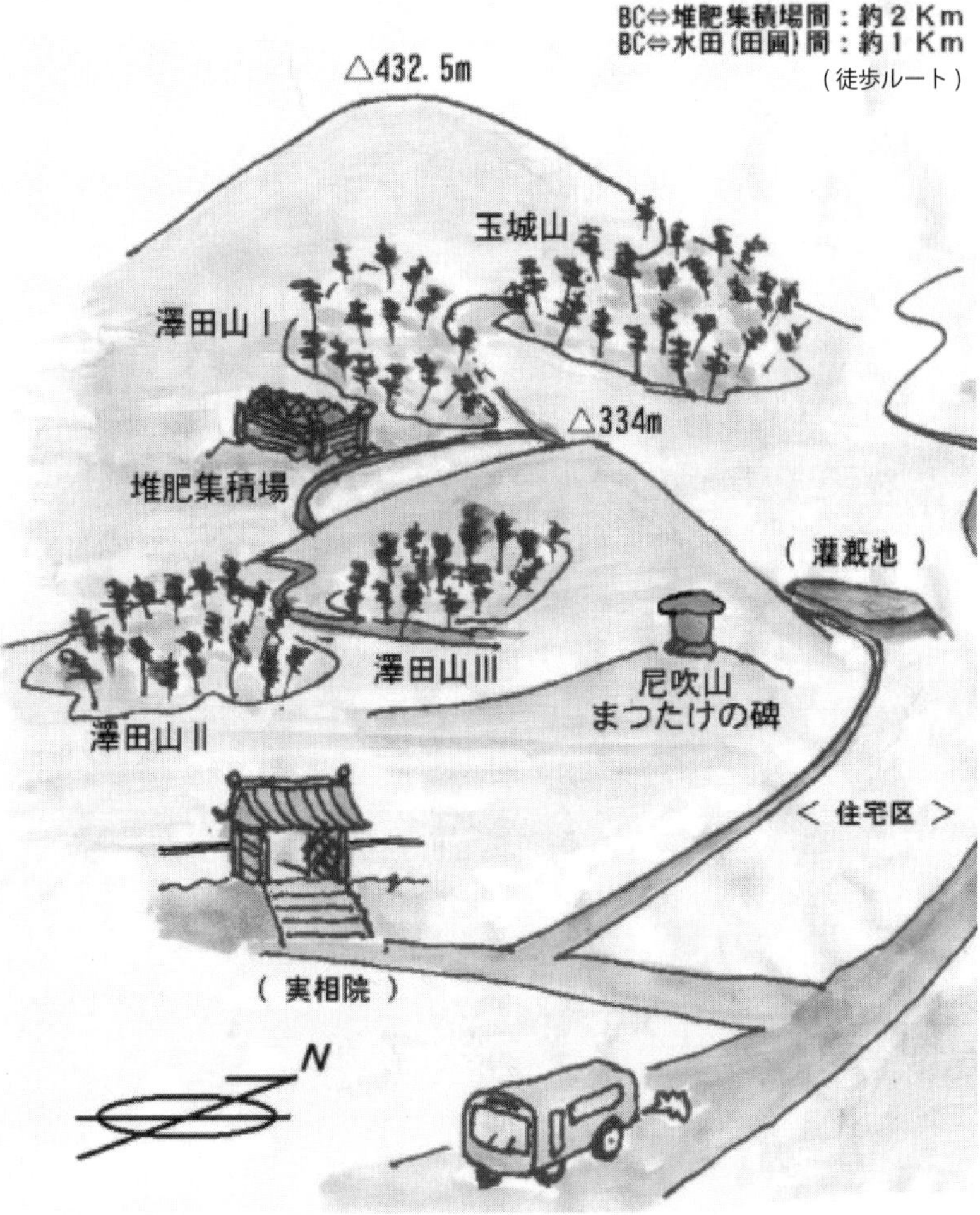

1．愛情かけて山の手入れを続ける覚悟のいる運動

✡活動拠点となる「香川山」が借りられた！

京都に戻った私は、かつて濱田先生が研究を始めるときにそうされたように、真っ先に「健全なアカマツ林を探そう」と出掛けた先々でアカマツ林を見て回った。また、人に紹介してもらっては市民が出掛けやすい場所にあり、5年くらいの手入れで成果が出そうなアカマツ林、あるいは1本でもいいから現在マツタケが発生しているアカマツ林を探して歩き回った。しかし、そう簡単に見つかるものではない。まつたけが発生しているアカマツ林は、林家は絶対に手放さない。なぜなら、それは宝の山なのである。

京都府丹波地域、京都府京北町周山（現京都市）、京都府長岡京市、滋賀県、奈良県、和歌山県、兵庫県芦屋市、岡山県、石川県珠洲市、岐阜県、長野県など、かつての有名な産地が、まつたけ産業再生の話を聞かせてほしい、と私を呼んでくれた。講演に行く先々でアカマツの現状を見るにつけ、岩泉町の元気なアカマツと比べてしまい、マツタケ増産につながるアカマツ林はもうないのかと、京都に戻ったことを後悔したりもした。名だたる産地の山をくまなく訪れたが、関西、いや西日本には、そんなアカマツ林はないのかと絶望的にもなった。

それだけに、「まつたけ十字軍運動」の旗揚げについては、「1年先の来年（2006年）の春に始めたらいいだろう。そうすれば秋には、まつたけパーティーだぁ」くらいにのんびり構えていた。

それに、研究所に置いてきたり廃棄した残りの膨大な本や文献の整理をしたり、その間も各地のまつたけ産地から講演に呼ばれていたので、それまでには本も片付き、条件に合うアカマツ林が探せるだろうし、運動の進め方などもじっくり考えながら詰めればいい、と高をくっていた。

そんな折、左京区岩倉を訪れる機会があった。私は学生たちが実験に使っている畑（といっても宅地用造成地跡）を見に行ったのだったが、その畑の後ろの斜面が小規模ながら若いアカマツ林になっていて妙に美しく見えた。しかも生えているアカマツはマツタケが出る適齢の樹齢30～35年で、山際を造成した場所なので表土は強く削ってあり、痩せ地を好むマツタケの生活にぴったりだった。

マツタケの発生は先になると思えたが、山の持ち主は、なんと親しくしている香川晴男さんだった。香川さんは当時すでに大学は定年退職されていたが、理学部で分子生物学を研究していて、パートナーの和子さんとは〝おしどり研究者〟として知られていた。早速、お宅に伺って貸してほしいとお願いすると、快く承諾してくださった。今、私たちが「香川山」と呼ぶところだ。

香川さんは退職後に会社を立ち上げ、新種のキノコの栽培方法を確立するなど活動されていて、この山も仕事のために購入したものだった。それが、病気で不可能となり、使い方を考えておられたのだ。香川さんご夫妻は、私たちに次のようなメッセージを送ってくださった。

【まつたけ十字軍という子どもを授かった気分】

「私は人工透析の生活に入ったころから、この土地の使い方について考えていました。そして、吉村さんが岩泉まつたけ研究所を退任して京都に帰ってきたら、この土地を彼に任せたいと心に決めたのです。私たち夫婦は今、まつたけ十字軍という子どもを授かった気分です。いつしかその土地には香川山という名前がつけられて、誇らしいような気持ちです。もっと歩けるようになったら、二人で香川山に行こうと思っています」

本当に、ありがたいと思う。「香川山」は活動の拠点としてはやや狭い（0・33ヘクタール）ものの、まずはここから始めると決めた。香川山は第4章で紹介する近代マツタケ学発祥の地の尼吹山に近く、大いに意味がある山なのだ。しかし、このくらいの面積だと素人集団でも2年もすれば作業が終わるため、おいおい10ヘクタール以上の山を確保していこうと考えていた。

まつたけ山復活させ隊が誕生した「香川山」はこんなところ。近くには住宅も

✡反省したり嬉しくなったりしながら

それにしても、「いいなぁ」と思うアカマツ林は京都から遠すぎたり、まず貸してもらえるものではなかった。その時は活動に適したアカマツ林探しで頭がいっぱいだったが、それもそのはず、じつは私は思い違いをしていた。

どういうことかというと、まつたけ山づくりの話を聞きたいと私を呼んでくれたかつての産地のアカマツ林は崩壊を始めており、マツタケ生産量は落ちているのだ。だから、彼らは私を呼んでくれたのに、そういう崩壊の進む講演先で私は「健全な」山探しをしていたのだ。その肝心要の事実、現実に思いが及ばないくらい山探しに頭を占領されていた。私は、状態が良くない地域ばかりを見て回っていたのである。少したって気づいたのだが、それだけアカマツ林の崩壊が広範に広がっているということでもある。

マツタケが元気よく発生している地域は、まず緯度が高いか、さもなければ標高が高く、マツノザイセンチュウを伝播するマツノマダラカミキリが生活しにくくなければならない。もう1つは、昭和40年頃から山の手入れが続いていて若いアカマツ林が豊富な地域である。この2つの条件が重なるエリアである。そんな素晴らしい山はないことはないが少ない。それでも、それに準ずる林が関西にもいくつかあった。

その一つで将来有望な山は、和歌山県の高野山に近い富貴という所にあった。持ち主の岩田光浩さんは、私の書いた『ここまで来た！まつたけ栽培』も読んでいて、経営する会社の社員や地元の人たちと一緒に山づくりに励んだ。すると確実に生産量が増加したという。

呼ばれて見に行った山は、30年前の山火事で木が焼失した後にできた若くて美しいアカマツの再生林で、マツノザイセンチュウの被害もまだほとんどなかった。ここでも、私たちに山の一部を貸してくれるという嬉しい提案をいただいた。岩田さんと仲間たちは、地元富貴のまつたけ産業振興に役立つマツタケの研究所をつくるという意欲的な計画を立てている。

こうした様々な紆余曲折の後、私たちの活動拠点は香川山に落ち着いた。近くにマツタケの発生している林も確保するつもりでいたが、それはだめだった。

将来有望な山の一つ、和歌山県の高野山に近い富貴にある岩田光浩さんの山

✡仲間に教えられつつ構想を練る

待望の場所が決まれば、次の課題は運動のコンセプトと活動をどうするかだ。里山再生とか生物多様性の保全活動を行うときは、かけ声だけでしぼんでしまわないように気をつけなければならない。何ができるのか、どうすればいいのかを詰めて考え、準備しないと決して長続きしない。絶滅危惧種の多い里山を復活させれば生物多様性の保全に必ずつながる。それだけに実体があり、実りのある里山保全運動にしなければならない。

アカマツ林の置かれている環境は日に日に悪くなっているから、毎日でも活動したいところだ。でも、ボランティアの市民運動となると、そんな頻度での活動はできっこない。また、雨の日もあれば寒い雪の日もある。

私が岩手でお付き合いした林業労働のみなさんは、雨の日以外は朝早くから日暮れまで働き、冬は雪で作業は休みである。これが林業労働の基本サイクルとインプットされていた私は、その時は、毎日の作業はやはり市民には不可能だろう、活動は月1回くらいかなと思って悩んでいた。月1回なら、里山林でも人工林でも原状回復には相当の年月を要し、多くを望めない。多くの森林ボランティア団体がそうしているため、その活動は、失礼を顧みず言わせてもらうと、残念ながら「やっています」の域を出ないように思える。

そこで私は、中間を取って週1回、雨の日や冬は作業を休みにしてマツタケの生理生態を勉強しようと考えた。今から思うと、もしあの時、あれこれ悩まず、仲間にも相談しないでそのまま始めていたら、きっと今頃、「そんな勉強は御免だ」と参加者は、ほとんどいなくなっていたかもしれない。雨の日や雪の日は、それに相応しい作業ができることを仲間に教えられたのである。

里山・アカマツ林を再生させてマツタケ復活（マツタケ栽培）につなげるという、活動の基本となるコンセプトづくりは、活動の開始時期をはじめ２００６年春と予定していたので、じっくり練って、まつたけの季節となる秋までに文章化すればいいくらいに思っていた。

ただ、おおよそ次のようなポイントを考えていた。

（1）生物の保全と多様性の維持という点で危機に瀕するアカマツ林（里山）を、マツタケの生活する山に戻す活動を通して復活する。

（2）近代マツタケ学発祥の地、京都市左京区岩倉を活動拠点として、マツタケ山づくり作業を楽しむ。

（3）マツタケ山づくりで生まれる除・間伐材や腐植などのバイオマス資源の利用を、自然との「共生型」すなわち徹底した「有機物循環型」農林業に組み込む。

（4）私たちの活動の成果は、的確な情報として記録するとともに広く発信し、全国のアカマツ林をはじめとする里山の再生に活用できるよう努める。

2. 楽しいことが参加者の数だけある運動めざして

✡2005年6月16日スタート、平日なのに28名参加！

少し時間を掛けて準備しようと考えていた当初の私の計画は、その後、急展開をみせることになった。

2005年の5月半ばのことである。テレビや新聞記者たちに京まつたけ再生市民運動の計画が伝わり、にわかにあわただしくなった。彼らは「まつたけ山づくりによる里山復活運動」という私の考えに敏感に反応してくれ、予定よりずっと早く、マスメディアに背中を押された格好で開催日が決まった。

京都のアカマツ林の荒廃した景観を見るにつけ、この問題を考えてくれる仲間が増えることが大切だという思いもあった。里山崩壊の猛烈なスピードを知れば知るほど時間的余裕があまりない、と急いで計画を実行する決意を固めた。

こうして、私たちの「まつたけ十字軍運動」、またの名「まつたけ山復活させ隊」は2005年6月16日、スタートを切ることになった。まつたけ十字軍運動の名は、1970年頃、富山県立短大の先生が全国の学生に「山が荒れている、下草刈りに集まれ！」と、「草刈り十字軍」を

京都新聞（夕刊）

京にマツタケ復活を

研究者と京大生「十字軍」を結成

「最短５年」成果期待

6月16日の運動スタートを伝える新聞
(2005年6月14日付京都新聞夕刊より)

呼びかけたことがあったのをヒントにした。

頃は梅雨の走りの時期でもあり、天候の心配をしながら私も友人・知人に呼びかけた。後は、それこそ運を天に任せて当日を待つだけだった。平日の木曜日だったその日の朝、起きると天気はやはり思わしくなく、降ったり止んだりという状態だった。私は、山の所有者、香川さんの知り合いの猫田哲三さん（彼は野外活動が好きで料理作りに長けていて担当してくれている）の車で、不安と期待で胸をドキドキさせながら集合場所の岩倉に出かけた。

集合場所に着くと、なんと参加者は28名、新聞記事などで知ってやってきた人たちで、団塊の世代が目立った。女性もいる。思ったより多かった。少しホッとすると同時に、その中に私が心の中で勝手に活動の中核になってくれそうだと期待していた、岩泉町の研究所を前年訪ねてくれた学生たちの姿は1人しか見当

いよいよ香川山での作業開始

たらなかったのには正直、「なーんだ」と思った。それだけに、唯一来てくれた飯塚弘明君と目が合うと、むしろ嬉しくなった。

また彼にみんなの様子を聞いて、学生がボランティア活動に参加することの難しさを納得せざるを得なかった。その飯塚君も大学院に進んで参加できなくなったけれど、もう一つの里山崩壊の原因であるナラ枯れ病の研究に取り組んでいる。彼は間もなくフランス留学から戻ってくる。

それでも正直に吐露すると、古いと言われるのかもしれないが、私には、本来学生とは世の中のしがらみに染まらず、自らの先駆性を信じて社会を変革する力を発揮できる、こうした活動の場を意識的に選択するものだという思いがあった。それが、じつは幻想に近いのかなと少し寂しさを感じた。

これは今の大学の置かれている状況の反映であり、私流に言うと大学がある意味で変質した証である。多くの学生も教師も文部科学省の言う、スケジュール通りに授業をこなすことに意義を持たせているように見える。よく言えば勉強好き、親の敷いたレールを歩むことに慣れきっている。レールを外れて歩む楽しさ、その必要性、重要性を知らない若者が多いということだろう。

今、大学はそのような学生を大量に輩出しているが、この日本の行く末はそれで大丈夫なのだろうか。愚痴になるが、昔だったら、若い学生は授業をサボってでも参加していたものなのに、と思う。もちろん団塊の世代も、現役だったら参加できない人が多いだろう。

継続してやり通さなければならない里山再生運

こんな厳しい中での作業に挑戦

動に、どうやって若者たちを引き付けたらいいかなど、誤解を招かないようにあえて言うのだが、人数の必要性は身に沁みて分かっているのだけれど、それでも彼らに迎合するつもりはない。ただただ、運動の魅力づくりに思いを馳せるばかりである。

当分は、学生の参加は期待すまいと思った。なぜなら、人生経験を積んだ団塊の世代など熟年世代は学生よりも優れている。間違いなくがんばり、すぐに悲鳴を上げることはない。そこが違い、信頼のおけるところだ。でも若くない。そこが違うが、これは言ってもはじまらない。若者抜きではどんなに良い活動でも、長続きは望めないことも私は十分理解している。この大きな課題にも諦めることなく取り組んでいきたい。

まつたけ十字軍運動は岩手でも報道された

【若い人はぜひ里山に来てリフレッシュして】

この若者問題では、大阪から参加の三木恵子さんも「つくづく残念に思うのは、こんな楽しい体験に、これからの将来を担う若者たちの参加が少ないことです。コンピューター、テレビの前に座ったり、携帯電話と向き合うだけでなく、自然の中で体を動かし、いろんなことに経験豊富で応用の利くおじ様、おば様たちから学んでほしい。多くの若者が里山でリフレッシュして、何か困った時に力が湧いたり、協力したり、役に立つ良いアイデアに結びつけられるようになってもらいたい。これは大切なことだと思います」と、同じ思いである。

そんな私たちの思いに応えるように時折、学生など若者たちが参加してくれる。スタート1年後の第50回には、京都市に隣接する亀岡市の京都学園大学のマツタケ研究会のメンバーが9人も参加してくれた。

毎週1回、雨の日も冬の寒さの中でも集まる

さて、第1回のまつたけ十字軍の活動は、午前中、マツタケが生活するアカマツ林の姿や手入

れ方法などを簡単に説明し、「作業は午後から」と昼飯に。この時は各自購入の弁当を食べたのだが、それが回を追って楽しく充実したランチタイムに変わっていくとは、そのときは思いもしなかった。ありがたいことに昼からは雨もなく、6月にしては強い日差しをまぶしく思ったことを今も鮮明に記憶している。

作業にあたって、香川山の斜面を生育している木々の状態や種類（植生）などから3つのエリアに分けた。アカマツの多いゾーンは即まつたけ山づくりに、土砂崩れのある崩壊区は土留めをしてアカマツ林に、隣接するヒノキ林から種が飛んできてできたヒノキ林は皆伐してアカマツ林を復活させるゾーンに、である。

そのときはまだチェーンソーなどの準備はなく、手鋸での作業だったから、まずは既存のアカマツ

まつたけ山復活はこうした斜面での作業の連続

枯れたアカマツの処理は里山再生の必須作業

林の整備作業から開始だ。集まった市民は、アカマツの間に茂る広葉樹をガンガン伐っていく。気分がスカッとするのか、気付いたら「これは伐りすぎだ」という状態。しかし、今は伐らないより伐ったほうが好ましい状態なので、これで正解ということにした。それに、広葉樹は再生してくるスピードも速い。

女性陣は、熊手を持って思い思いに上から下へ、こんな作業は初めての人ばかりなのに器用に枯れ枝や落ち葉や腐植を掻いていた。その後、日本財団からはチェーンソーや刈り払い機の購入代の、また全労済からは人員などの輸送代の助成金を受けることができた。これで機械を使える人たちが能力を発揮してくれることになった。

第2回の6月25日は34・1度の猛暑日で参加者は14人に減ったが、一人の不調者も出ず無事に終わり、猫田さんが作業の終わりにコーヒーを入れて、みんなの労をねぎらってくれた。チェーンソーを巧みに使う人もいて、なかなかの連係プレーぶりで作業が進んだ。その時のブログの報告を見ると「アカマツ林が『本当にありがとう』と言って喜んでいるように見えます」とある。

遠く群馬県からも新聞で活動を知った同県吾妻郡高山村の小野寺専友さんたち4人が樹を伐りに、また伐採木の運び出しに汗を流しに2回も来てくれた。男の一抱えにも余る木が音をたてて倒れるのだ。地響きは迫力があり結構快感である。でも危険が伴う。斜面上部から放り投げた枝などが下にいる仲間を直撃するといった

作業に威力を発揮するチェーンソーの操作もメキメキ上達

アクシデントも初期にはあった。しかし、仲間たちは作業経験を積み、今ではそんなこともなくなった。嬉しい限りである。作業の効率も上がっていった。

第3回の7月1日は、雨のため作業を休みにして場所を移しての勉強会。予想は当たり、やはり参加者は11名と少なかった。そこで、すぐ方針変更だ。木材業をしている吉川均さんが提案する、「雨の日も冬でもやりましょう」に恐る恐る乗ったら、これが大正解だった。第4回は「曇りのち雨」の中の作業にもかかわらず20人に増えた。

枯損木は燃やさないと被害拡大は止められない

ここで、放置された山の手入れについて簡単に説明しよう。まず枯れたアカマツを伐る。小灌木も伐る。中小径木も適宜間引く。最近枯れたアカマツを伐って、それを一定の長さに揃えて運び出す。

その後に地掻き作業となる。林床10メートル四方に厚さ5センチの腐植が溜まっているとすれば、それを集めると何と一辺1.7メートル強もある大きなサイコロの体積になる計算だから、この作業はなかなか骨の折れる力仕事だ。

材や粗朶（そだ＝枝）や落ち葉や腐植などは、中川肇さんやツトムちゃんの軽トラで香川山まで運んでいる。ツトムちゃんは、日本の百名山を長靴でのぼった一風変わったお百姓さんだ。毎回、

自前でかまども石がまもつくってしまった

ベースキャンプのテーブルに切り花を飾ってくれたり、野菜を提供してくれる。
　放置されているアカマツ林の手入れで、材や腐植などの膨大なバイオマスが生まれる。この処理はどこの森林ボランティア活動にとっても難題だが、林内の富栄養化の克服を使命とする私たちにとっては、林内に放置できないだけにとびっきり大変だ。
　腐植は堆肥にして畑に鋤き込む。後日、水田を借りてコメづくりも教わり、今では昼食のご飯も自前である。食事を作るには野菜を切る包丁はもちろん、まな板もいるし、コメを炊く竈がいる。食べるときは机や椅子もいる。燃料の薪もいると次々と広がって、それらの材料はほとんど現地調達して自分たちで作り上げてしまった。アカマツの枯損木も燃やさなければ被害の拡大は止められないから燃料にする。

この燃料の薪づくりで腕をふるうのが小原清さん。「作業の中でも薪割りが好き」というだけあって、マツ、コナラなど木の種類や節や捻じれの有無を見極めて割る姿は決まっている。最近は、「割りにくい捻じれた木を見ると、どんな環境で育ってきたのかと思いを巡らします」と話すほどの域である。枯れたマツの中には必ずマツノザイセンチュウを媒介するマツノマダラカミキリの幼虫がいるから、この仕事は重要だ。

✡秋には25〜30人の参加者で定着

盆地の京都ならではの猛暑の続く夏場を

取材に来たテレビカメラの前でも狙いはぴったり

過ぎ、秋の気配が時に漂う頃、岩泉のまつたけのブランド化を応援してもらったように、またもマスメディアに助けられた。歳時記物としてまつたけは格好の取材対象だ。まつたけの不作の原因であるアカマツ林（里山）の環境破壊の改善に取り組む運動として、私たち市民活動の紹介が続いたのだ。参加すればまつたけが食べられると思ったかどうか別だが、9月頃から徐々に参加者が増えてきて25人程度の参加者で定着した。

そして、いよいよマツタケ発生が北から聞かれる頃、「まつたけ十字軍運動といっているのだから、松茸狩りくらいしないと面白くない」ということで、友人の上田耕司さんのそのまた友人の高木禎二さん所有の京都嵐山にあるアカマツ林を「マツタケ発生調査」名目で探させていただいた。

現場は素晴らしい眺望。道路沿いが感じの良いアカマツ林だ。しかし、その中に足を踏み入れると、やはり、ここも理想的ではなかった。境界も分かりにくく、隣のアカマツ林に足を踏み入れた参加者が咎められた。そこは少し手が入っている。毎年まつたけが採れるということで、山の様子を見に来た父娘と鉢合わせしたのだ。嵯峨清滝にある料理屋のご主人だった。その方が、私を知っていて話を聞きたいとかねがね思っていたそうで、幸いお咎め無しとなった。

これに勢いづいて次の回も、岩倉の活動を休んで探索を続けた。残念ながらマツタケは見つからなかったものの、たくさんのキノコが採れた。探索が終わった後、猫田さんの淹れたコーヒー

岩倉だけでなく各地の山に見学や出張作業に

どんな作業もチームワークでやり抜く

昼食時には松茸収穫と里山再生などを
めぐって話がはずむ

などを飲みながら、関西菌類同好会会員でもある榎本輝彦さんが鑑定会を開いたりと、盛り上がったことを思い出す。

そして、香川山の作業も秋以降いよいよ盛んになってきた。この頃になると参加者も30名となってきた。

✡夢は大きく、広がる仲間たちの輪と和

回を重ねるとともに、作業内容や作業範囲はどんどん広がり、あれもしようこれもしようというアイデアと、それを実現するエネルギーがみんなの中に溢れてくるのである。

ざっと列挙すると、05年中に製材がはじまり、椅子、机の組み立てと進み、年末を前に炊事用の石竈も完成、2年目春にお茶の木やアカマツの苗木を植えたのをはじめ、炭焼きがスタート、翌07年からは休耕田を借り荒れた土地を耕して整備し、10アールの田植えが始まった。08年には全国の人からのカンパで耐火煉瓦を購入して陶芸窯を造り、11月21日に初窯式を祝った。もちろん、燃料は枯れたアカマツを伐った薪だ。この年にはニホンミツバチの飼育を始めたメンバーもいる。

薪や枯れ木を燃やす煙を見て、嬉しいことに近くの子供たちが時々遊びに来てくれるようになった。1年もすると地元の人たちとの交流も活発になり、第50回となった07年7月8日には学

伐採木の皮むきは製材前の
欠かせない作業

製材にもチェーンソーを
創意工夫して活用

枯れたアカマツを燃やす煙が立ち上る

できた材を使って小屋作りも手際よく

煙に誘われてベースキャンプに遊びに来た子どもたち。
交流の始まりだ

生たちも参加して交流会が開かれ、子どもたちがおにぎり作りを手伝ってくれたり、腕に覚えのあるメンバーが子どもたちと若い父親たちに竹トンボ作りを手ほどきして喜ばれるなど、時間を忘れて大いに盛り上がった。

✡あの秀吉以上？のバイオトイレもつくる

私たちの一日の活動は、ざっと次のような具合だ。朝9時半頃から10時半の間に、ほぼその日の参加者が顔を見せる。作業終了は午後4時頃である。

女性の多くは、その日の昼食の支度の手順を考え、行動に移す。すでに集まっている男たちも手伝う。火を熾す。献立は前日に買い求めておいた材料と、自前の畑で採れる野菜で作る。その役割はどう分担を決めているのか、いつもスムーズに運んでいる。食材を下ごしらえする人、調理する人、配膳をする人と、じつにテキパキこなしていく。これは雨の日も冬の寒さの中でも、同じだ。

午前中、荒れた山と格闘した男たちは、腹を空かしてベースキャンプの香川山に戻ってくる。車で来ている人もいて、山への行き帰りは、その人の車での送迎があるときは楽だが、ないと片道徒歩30分の道のりである。待望の食事は安い食費なのに、いつも豪華だ。食材集めは当初、猫田さんが担当だったが、今は中野智恵子さん。その工夫ぶりは並大抵ではない。

昼飯をいただきながら、新人の参加があれば自己紹介を兼ねて参加した抱負や現場で今何をしているかなどをみんなに披露する。このコアタイムは、私たちの仲間意識の醸成に一定の役割を果たしていると思っている。たわいない話をしつつ、食器類を洗って片付け「栄養を採りすぎたから、昼からしっかり働こう」などと言いながら、また山へ出かけていく。

食事当番の女性を中心にして鍋釜類の片付けが始まり、それを終えると女性たちの輪ができ、畑に出かけたり花を見たり、おしゃべりが続く。もちろん山に行く人もいる。頃合いを見て猫田さんが石窯でピザを焼く。あらかじめドライイーストを入れて生地を発酵させておいたのである。どこがどう違うのか、店で食べる値段のいいピザと比べても飛び切り美味い。そのピザが程よく焼けた頃、班ごとに揃って山から下りて来る。このピザは山づくりを楽しんだ作業班の面々にも

食材たっぷり、女性たちの腕もあって料理の味は満点

自慢のバイオトイレ

手作り精油抽出器

ニホンミツバチ
も飼っている

評判だ。最近は、お好み焼きも登場した。

これがほぼ私たちの日常の活動だが、人には生理現象がある。男はそれなりの処理方法を山の中でとれるけれど、女性は大変である。全国のボランティア活動に参加する女性に共通の悩みである。

私は大学院生時代、この問題を解決すべく友人とバクテリアをうまくコントロールして有機物を無臭処理しようと実験したことがある。山の持ち主の香川さんとも一緒にそのメカニズムを解析したりもした。これが今、あちこちで活躍しているバイオトイレである。第2回には早くも、このバイオトイレを設置している。

私たちのトイレは、ヒノキの香りのす

るオガくずで有機物を分解する微生物を養っている。まつたけ好きだった秀吉のトイレはすごかったそうだが、ヒノキの板で出来た私たちのそれは、「秀吉以上だ」と勝手に思っている。とにかく臭くないだけでなく、ヒノキの香りの評判がよい。

このヒノキの香りのもと「ヒノキ精油」を手製の蒸し鍋改造精油抽出器でやってのけたのは内田正明さん。内田さんは杉山廣行さんたちと２００８年からニホンミツバチも飼育していて、「今年からは家賃分程度の蜜は分けてもらえそう」と、表情を緩めながら活発に活動するハチたちの世話と巣箱の手入れに余念がない。

✡椅子も机も石窯も陶芸窯も小屋も自前でつくる名人、達人揃い

私たちの活動も軌道に乗ってきた。50年も放置されてきた里山林内には、とことん枯れ木や枝や落ち葉が溜まっている。ベースキャンプには、それが大量に集められる。その利用の一つは炭作り。植物が長年にわたる光合成で蓄積した炭素を封じ込めるには相応しい方法だ。

ということで、中川肇さんが、昔少し炭焼きをかじったことがあるというので、みんなは彼に教わりながらドラム缶を2本埋め込んだ伏せ窯式の炭焼きを始めるようになった。彼はなかなかの研究熱心で、煙の色と温度で窯の中の様子を想像しながら空気の調節をうまくやるのだ。一度焼き、二度焼き、回を重ねると、次第に良い炭ができるようになった。私たちは、それを使って

年末の感謝祭などに焼き肉を楽しんでいる。

隣地から進出してきたヒノキ林は皆伐したが、吉川均さんは、その丸太からチェーンソーで板を作って見せ、みんなを驚かせた。その板を使ってみんなで机や椅子を作り上げた。

これには、榎本輝彦さんが得意の図形の知識を駆使してくれた。私たちは正確な活動の記録と発信を大切にしているが、榎本さんは毎日200人近い愛読者がいる私たちのブログ担当として活動報告もまとめてくれている。「ますます関心が高まって、全国の里山保全・再生運動の一助になるような活動報告を心がけたいですね」と、アクセス数のチェックや分析、情報収集に頑張っている。（URL:http://blog.goo.ne.jp/npoiroem）

炭焼きも本格化

石窯もその辺に捨てられていた石垣の石で、猫田さんが造った。みんな本当に巧みだ。雨になったら屋根がいる。暑い夏には日除けがほしい。すると、器用にそれをやってのける男がいた。御輿製造会社に勤めていた橋本敏夫さんの出番だ。屋根を作り、机などの補修をする「宮大工」である。

近藤高弘さんの指導でポスト民芸を目指す仲間たちと作品

全国の仲間のカンパで造った陶芸用の窯も、ほとんどの工程を橋本さんがリードしてくれた。設計図通り、耐火煉瓦を切って積み上げたのである。素焼きや本焼きも彼が面倒をみている。耐火煉瓦の購入に寄付くださった方々の名前は、越智亮博さんが上手に書き込んでくれた。彼は竹細工が得意で、これまた利用されなくなり各地で問題になっている竹で器用に蟹などを作る腕前だ。この窯では、著名な陶芸作家の近藤高弘さんの指導でポスト民芸運動と称し、みんなの創った作品で、まずは昼食の料理を盛りつけようと作品づくりに励んでいる。

その一人、田中良和さんは「私たちの活動は当分、ポスト民芸とは呼べそうにはないけれど、まつたけ十字軍の活動なのだから、素人の趣味と道楽、はたまた暇つぶしでよいのでは」と自然体で新境地の作品づくりに挑戦している。

山の手入れに力を入れていると、いつの間にかベースキャンプ周辺は草ボウボウとなっている。そういう目立たないが重要な足元で草を刈ったり溝掃除をしたりしているのが大島隆男さんと有山勝人さんだ（写真）。

運動開始から丸5年となる今では、246回の開催（2010年7月3日現在）となり、常時30名を超える参加があり、延べ人数は7000名を軽く超えている。取材に来る記者たちに、全国各地の森林ボランティア組織は、パァーと燃えてじり貧になる傾向があるのに、ここはどうして人数が増えるのかと質問される。私の答えは、「よくは分からないが、恐らく『まつたけの魅力と、もう一つ他にはないものがここにはある』からではな

いか」だ。それは、この本を読み進んでいただければ、分かっていただけるのではないだろうか。たとえば、07年7月26日に香川山ベースキャンプでの「2周年記念パーティー」には68人も参加し、大いに盛り上がった。午後9時にはお開きとなったが、それだけで終わらず9人が山で朝を迎えるほど話が弾んでいた。

Ｍｙ茶づくりでも発揮される熟年の力と柔軟発想

こんなこともある。私は緑茶をよく飲む。友人で、いまメンバーたちに茶畑管理や茶の製造を教えてくれているお茶の専門家の林屋和男さんが、昔「君は茶を食っているのか」とジョークを言ったくらい、茶葉の消費量が多いのだ。彼に、この香川山で「Ｍｙ茶」を作りたいと相談した。茶の木は排水が良くないとだめと言いつつ、「でも、方法はあるよ」と彼は首をかしげながらも言った。

ここの畑は住宅用に造成したところの跡地で、土は大きな重機で踏み固めてある。当然排水は悪い。これを掘って排水用ホースを敷いて土壌の排水能を改善すればよいとのことだった。幅と深さが1メートル、長さ15メートルくらいのミゾ2本を、参加者たちはツルハシとスコップで掘り抜いてしまった。先にふれたように06年春のことだ。エネルギーと柔軟な発想力は、若者たちだけの特権ではない。

この「Ｍｙ茶」話の続きをすると、茶畑は見事に完成し、「岩倉は寒冷で茶の木を育てるには厳しい場所だ。みんなの熱気で育てばいいな」という林屋さんの思いが届いて、２年目から茶摘みができるようになった。

緑茶はその葉の発酵を止め、紅茶は逆に発酵を促進させて作るが、ここにあるお茶づくりの道具といえば、緑茶にはホットプレート、紅茶にはビニール袋だけ。緑茶はホットプレートの上の茶葉を熱いのを耐えながら手のひらで揉みあげるのだ。

「Ｍｙ茶」づくりにも挑戦！

【幸せ感に浸れるお茶づくり】

紅茶づくりも担当する小林雅子さんは「ビニール袋に入れた葉に向かってただただ『おいしくなれ！　おいしくなれ！』と言いながら、これまたひたすら揉むのです。朝から揉み始めて夕方になったころ、ようやく頭がクラクラするくらい素晴らしい香りの紅茶のでき上がりです。幸せ感に浸れるお茶づくりですが、それに至るには忍耐と努力、諦めない心がいるのです。私も、まつたけ十字軍の活動を通して、このお茶のように良い香りと深い味を出せる人間になりですね」と、若々しい笑顔で出来立ての紅茶をみんなに淹れてくれる。

3．京まつたけ第1号発見に沸く

香川山に次いで玉城山と澤田山も貸してもらう

会うたびに参加者たちのコミュニケーションは深まって連帯感が生まれてくると、彼らがベースキャンプと呼ぶようになったこの香川山周辺の活用法なども話題となった。提案する人がいれ

軽トラで土壌改良のための炭を田んぼに運ぶ玉城さん

ば、「じゃっ、やってみよう」と素早く反応する人も出てきて、紹介してきた、またこれから紹介するような楽しい変化が次々と生まれてきた。

そうこうするうち、私の母校の洛北高校時代の仲間10人ほどが参加するようになり、活動の機動力はさらに高まった。香川山の手入れに1年半ほどの時間をかけたが、それも終わり、手入れをする山がなくなってしまった。

すると、また高校の仲間だった岡阪巳左夫さんが、やはり同窓の玉城秀夫さんが山を使ってもいいと言ってくれていることを伝えてくれた。玉城さんのお兄さんの山を無償で貸してくれるというのだ。香川山に続く山づくり作業の現場の玉城山だ。そればかりでなく、玉城兄弟は、田んぼの手入れの仕方を教えてくれた。秀夫さんは現場から処理場までバイオマスを彼の軽トラダンプで運んでくれる。その後、さらに岩倉在住の澤田幸雄さんの山も無償で貸してもらっている。

彼との出会いも面白い。私たちは玉城山で活動中も良いアカマツ林はないかと探す努力を続けていたのだが、近くに立派な門があるのが気になっていた。そしてある日のこと、その門を開けている男の人を見つけた。自己紹介をしてから彼に「ここは何ですか」と質問したら、彼のほうが「マツタケのことを聞きたい」と私を探していて、出会ったことを手をたたいて喜んでくれた。彼は自分の山を案内してくれ、それが３番目の活動拠点の澤田山となった。運動には山主の協力が欠かせないだけに、２人には心から感謝している。

盆と正月以外は休まず、30名の仲間たちは週１回集い、それぞれ自然発生的なグループに分かれて山に入る。週に３〜４回と作業に打ち込む人も出てくる。すごいパワーである。少しずつではあるが、林が綺麗になる。すると励みになる。良いスパイラル現象ということではないだろうか。

✡ 確かに出たことは出たけれど……

みんなの力が一つの結果を出した。２００７年10月30日、晴れ。第114回のその日はマツタケ発生調査隊を組織して、玉城山の手入れした場所を下から上へ向かってマツタケの姿を求めて入っていった。私は香川山に残っていた。

そこへ携帯電話が鳴った。小吹和男さんがマツタケを見つけたと、玉城山班の榎本さんから私の予想を覆す連絡が入った。第２章の最後に紹介したマツタケだ。市民が汗だくになって手入れし綺麗に整備されたところに、おそらく20～25年ぶりにマツタケが出たのである。もう、香川山は上を下への大騒ぎとなった。そこにいた人たちは、自分の目で京まつたけを見ようと、早速現場に駆けつけた。写真を撮ったり匂いをかいだり、みんな最高の笑顔だった。

これまでの全国での取り組みでは、１本でもマツタケが発生するアカマツ林を山のプロが手入れしたのなら、マツタケのシロが元気になり、その後の発生量が増えるのは当たり前のように思われていた。ところが今回は、

忙中閑あり。里山ならでの風を感じながら

自慢じゃないが素人の市民が手入れをしたところに出たのである。

全国で最初の例といっていい快挙だ。記念のマツタケは傘が開き胞子を飛ばす大きさになるまで置いておくことにした。新聞やラジオやテレビ局の取材もあった。このマツタケは今、ホルマリンに浮かんで保存されている。

しかし、小吹さんは京まつたけ発見の喜びを思い出しながら、「活動拠点の香川山から眺める山々にも、私たちの活動をあざ笑うかのように茶色に変色したアカマツの樹冠が点々と見えるようになりました。無念の極みです」と、むしろ里山の現状に危機感を募らせている。深刻化する里山崩壊には全く歯止めがかかっていないのだ。

では、なぜマツタケは出たのか？　出た山は確かに綺麗である。いや、少し綺麗すぎる。山の手入れの際の木の伐りすぎのことだが、それでも綺麗なアカマツ林になった。しかし、そこに胞子が飛んできてマツタケが出たのでは全くない。第１章を思い出していただければ、もう、お分かりだろう。感染からキノコ発生までは４～５年はかかる。どんなに早くても丸４年かかる。シロを潰す破壊的調査をしない限り、いつ感染して形成されたシロかは分からない。ただ言えるのは、みんなの手入れによって疲弊していたシロが元気を取り戻し、マツタケを１本発生したと考えられるということだ。

１週間も置いておいただろうか、地面に胞子が落ちたことが分かる程度に白くなっていた。そ

京まつたけ第１号（矢印）を指さして
喜ぶメンバーたちとその後の覆土作業

れを抜いて玉城山や澤田山のあちこちに、宮崎昭さんが胞子を撒いて回った。

しかしその後、２００８年、２００９年と天候に恵まれないためなのか、周りを伐りすぎて乾燥に負けてシロが死んだのか、これまた非破壊的検査ができないので不明だが、そこにマツタケは出ていない。

２０１０年２月、もし生きていれば元気になれよと祈りつつ、覆土を試みた。発生位置を中心にして、正確なシロの外形が分からないので１辺1.5㍍の方形区を近くの心土で5～7㌢の土をかぶせた。この方法は有効で、特に岡山県で多く採用されていて、子実体も大きくなり、何より残暑対策や水不足対策となる。

ところで今、山は全体的に見てどうなっているだろうか？　私たちが最初に手入れを始めた香川山の変化を報告しよう。使用前使用後風にいうと、運動スタート直前の２００５年５月13日に新聞記者と大月健さん

（京大マツタケ研究会）と私が活動場所の下調べに出かけた際に撮った写真を見ていただきたい。

当初、放置されていたところをブルドーザーで引っ掻いたため痩地になり、マツが生えているところやヒノキ林が見える。それが、その後の手入れが効いて今は見事な里山に戻ってきつつある。それらの変化にみんな感激している。前からあったアカマツは大きくなり、ハゲ地には若いアカマツが育ってきている。残念ながら、そこにマツタケの発生はまだ見られないが、菌根性のアミタケが発生してきた。だから、「同じ生活をするマツタケももうすぐ現れる」と楽観的に見ている。

土砂崩れ区は、土屋和三さん（龍谷大学教授）と大月さんたちが慣れない手つき、腰つ

2005年の香川山（右）とベースキャンプからのぞむ手入れの進んだ現在の香川山

きで土留め作業を実施し、今では背丈に近いアカマツが美しい。皆伐を試みたヒノキ林も、同様にアカマツが育っている。マツタケはいずれ発生するだろう、時間はかかるだろうが……。それでも、今はっきりと言えることは、この運動は里山の保全に間違いなく貢献しているということである。

運動の目的を忘れず、手段の整合性を常に自己点検

この会は会員登録制を採用していない。これは明確な思いがあるわけでなく単にずぼらなためだ。だから正確に何名の登録会員がいるかは分からない、300名は下らないだろうと思う。まつたけ十字軍運動ニューズレター（ブログ）の案内を出している人たちはそれを以上だ。2、3回参加して自分の居場所を見つけられない人は、そのうち来なくなる。続けて来ている方々は、自分のやりたいことなどを自分で見つけることができる人たちで、結構な一家言の持ち主たちでもある。

それだけでは、みんながあっちを向いたりこっちを向いたりして、この会は潰れるはずだ。ところが、大いに喧嘩などもしながら、京まつたけを復活させたいという気持ちで一致する仲間である。

こう見てくると、もっぱらまつたけ山づくりの楽しさを満喫しているように見えるかもしれな

畑作業もみんなで役割分担

いが、そんなことばかりではない。失敗や苦労も多々ある。

たとえば山の境界問題。最近の山主は、親から引き継いだ山の境界が分からなくなっているケースが多い。私たちは、京まつたけの生息地になりうるアカマツ林を常に求めている。その目安はとにかくマツタケの発生である。そのため、秋のマツタケ発生調査は欠かさない。ある秋、仲間がマツタケの発生を確認して、小踊りならぬ大踊りした。そこは借りているエリアと思えたので、私たちは秋の終わりから手入れを始めた。すると翌年になって正式な持ち主が現れ、越境していることがはっきりした。

他にも多々ある。人というのは、自分のものは大切にするが共同の所有物には冷たい、そんなことを考えさせられるトラブルもあったりするし、食事当番も女性中心でよいのかとも悩む。

運動の大前提は、「目的が正しければ、どのような手段も正当化できるというのは全否定されるべきことである。目的と手段の整合性は、全体でも個でも常に検証する必要がある」と訴えたくなることが起こる。

私たちの目的は、「生物の保全・多様性上危機に瀕する里山（アカマツ林）をマツタケ山に戻すこと」だ。この目的に向かって取り組んでいく際は、作業を楽しみながらも運動のコンセプトを考慮してほしいと訴えている。

まつたけ十字軍運動は、みんなで運動をつくっているので、「運動は木を伐る人、運ぶ人、軽トラを貸してくれる人、薪をつくる人、病害木を焼却する人、畑や水田を守る人、食事を作る人、設備を造る人、道具類を整備する人、拠点を整備する人、道路を補修する人、バイオトイレを守る人、多機能窯を守る人、山を提供する人などすべての参加者が、運動の目的を実現するために互いに対等で支え合い助け合うことを第一義的にしつつ、また、全国のブログの読者などの支援で維持運営されている」ことを忘れないようにしようと話している。それでも、自分の使ったカップなどを洗わずに置いておく、道具類を山に忘れたり、汚れたままにしておくといったことも起きる。

施設の能力が参加者たちの働きによって充実してきているのは間違いないが、ある能力だけの「つまみ食い的」参加は今後も認めないつもりである。幸いにも参加者たちは、100％と言ってもいいくらいこの運動目的を共有できている。それでも、その実現手段が、私たちのコンセプトから外れる人が来ることもある。実現不可能な大きな「計画」を立て、悪いことに途中で放棄したり、また場所を変えて同じことをする。こうしたことは、この運動の障害となる。

作業小屋の中などに、家庭の廃棄物や諸団体のイベントの宣伝とチラシ・パンフレット類、写真、記事、雑誌などが置かれて（捨てられて）いたりもする。ここは廃棄物処理場とは違う。

苗木作りも地味だが重要な作業

もちろん、基本的な気象データの記録、集積も怠らない

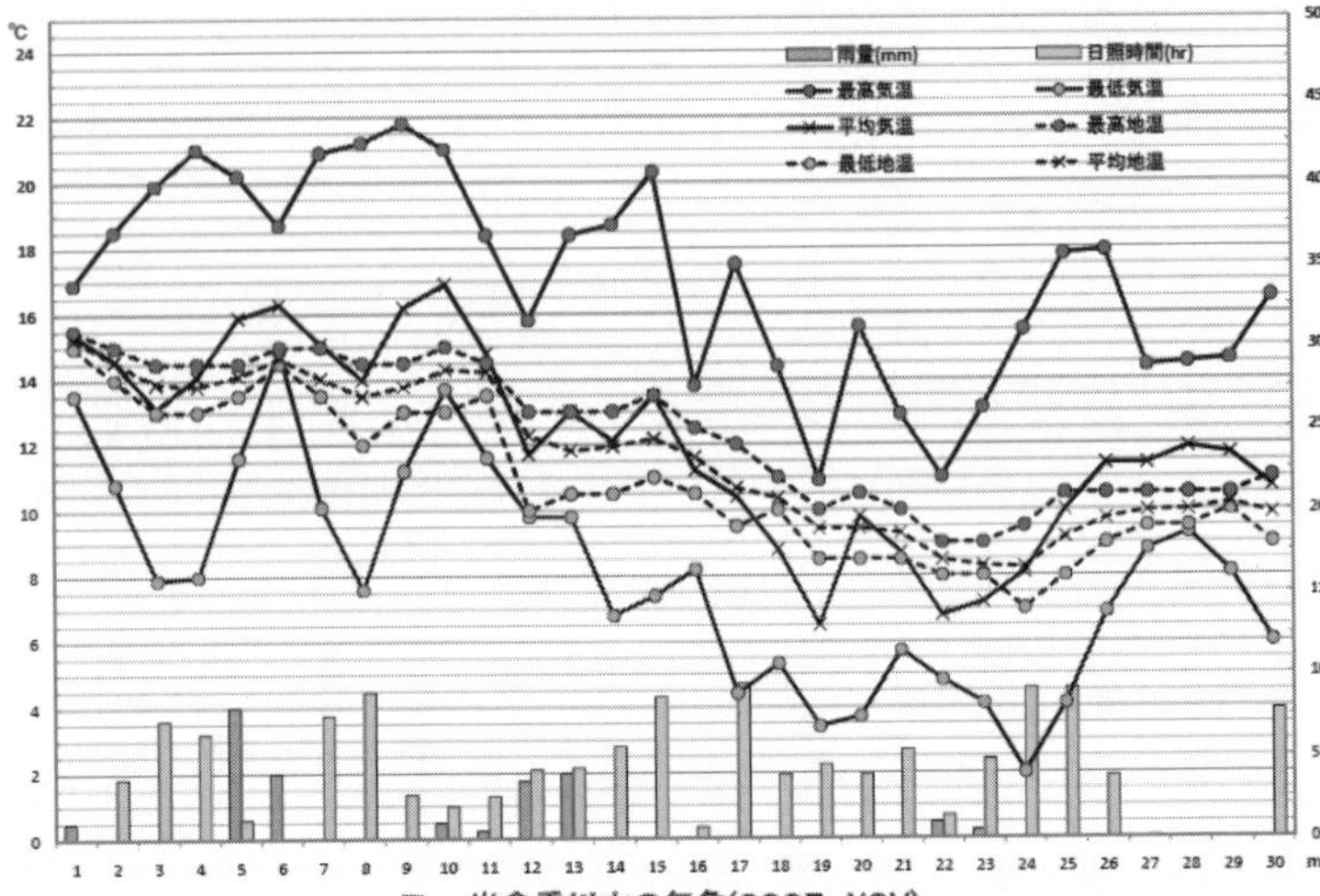

Fig. 岩倉香川山の気象(2007. NOV)

反対に、冬の冷たさの中で食材を洗い、米を研ぎ、調理道具を洗う食事当番の女性陣には頭が下がる。彼女たちは「好きでやってるのよ」とさわやかだ。食事を担当される方々も、山と親しむことが好きな方たちばかりである。彼女たちにも好きなときに山に出かけていただきたいと考える、が今のところ甘えている。

参加者は性別を問わず、その能力や興味に応じて持っている資質を発揮できるような運動体になりたい。この運動やこの組織を維持することが主目的ではない。私たちの場合はアカマツ林に限定されるが、その再生が全国の里山保全を推し進めることにつながるという運動の目的を理解し、その手段を問わねばならないと思っている。

硬い話になったけれど、私たちの運動は時々、こんな自己点検をやって運動自体の健康状態を維

持、発展させながら進んでいるのだろうと感じている。それに、ここ京都岩倉は　マツノザイセンチュウ病によってアカマツがどんどん少なくなっている。参加者のみなさんの年齢を考えると、若いアカマツ林を取り戻そうという目標は目標たり得るかと気がかりでもある。それでも仲間の顔は明るい。私は、そこに可能性を感じていて、心配はしていない。

なにしろ、松田洋子さんが「メンバーは自然を愛する、心優しい方ばかり。それもそのはず、とても困難なアカマツ林の再生と、これまた非常に気難しいマツタケの復活のために、どんな苦労もいとわないのですから」と言う面々だ。

「荒れた山肌が少し風通し良くなり、地面が身軽になっていく。その達成感を仲間と共に味わっている。志を同じくする人たちと共同作業をしていること自体、定年後を生きる上で心の支え」と三品伍樓さんが言えば、山田光彦さんは「参加して自分の進化を感じることが二つある。一つは整備した山での爽やかな風の感触を知ったこと。もう一つは、イモムシなどを触れるようになったこと。ただ、まだ手袋は要るけど」と、笑顔で応じる。

それを受ける形で三輪新造さんは、それまで毎週スポーツジムに通っても効果がなかったのに山の作業で体重もいい具合になり、体調が良くなったことなど挙げながら、「私は、まつたけ十字軍運動を通して自分の居場所を見つけた感じです。参加して本当に良かったと心から思っています」と締める。みんな、みんな、とにかく輝いている。

ベースキャンプの掲示板には歌あり、連絡事項や写真ありといつも情報いっぱい

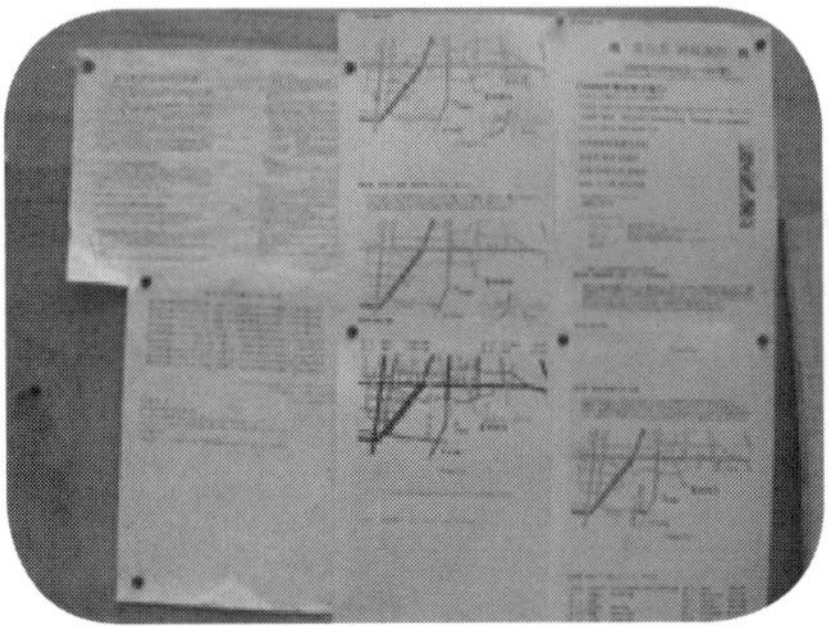

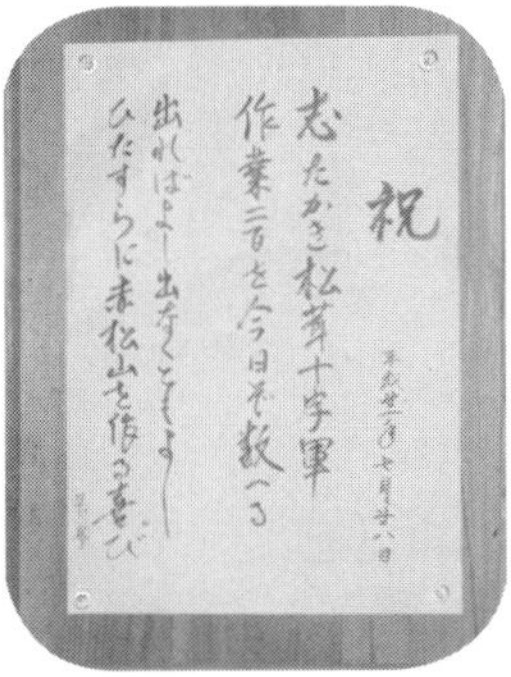

道具も整理整頓

第4章

まつたけと日本人の歴史と文化

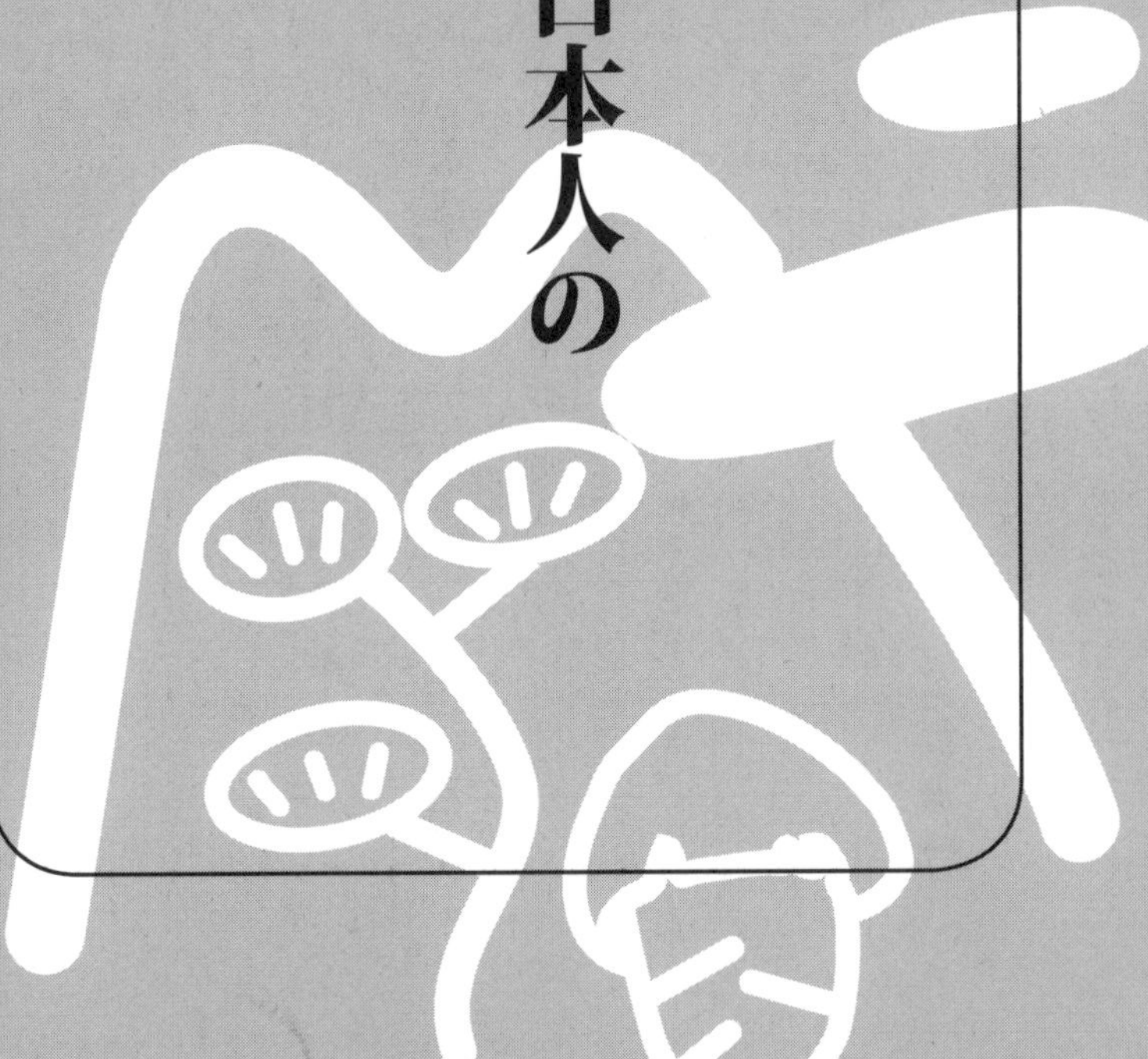

1. 「秋を味わう」日本独特の食文化

香りの松茸なのに「嫌なにおい」と学名を付ける国も

私たちの里山再生の取り組みをより理解していただくため、日本人の歴史と文化の面から、また最近の外国産「まつたけ」を巡る話題からマツタケ・まつたけをみてみよう。

マツタケは、生物学的に日本の固有種、日本だけで見られる菌類、キノコではない。マツタケの起源は現在、中国・雲南省のシャングリラからチベットにかけての高原あたりとみられていて、その伝搬は南下コース、北東アジアコース、欧州コース・地中海沿岸、そしてアメリカ大陸へと、遺伝的変異を伴いながら広がっていったと私は考えている。この起源解明については現在、シャングリラからチベット高原にかけて日中米加4カ国による共同学術調査の計画を進めている。今秋（2010年）にも雲南省に予備調査隊を出す予定である。

日本産マツタケとほぼ同じ遺伝子を持つキノコの産地は、先に紹介したスウェーデンなどの北欧のほか、中国東北部、朝鮮半島がある。中国・雲南省には広葉樹をホストにするものが6月頃から発生し、秋遅くまでアカマツの仲間やマツ科の針葉樹に出るものがある。遺伝的多様性が豊富な点から、原種に近いマツタケがあるのではないかと思っている。

京都の秋の風物詩の一つ、店頭を飾る国産まつたけ（寺町三条「とり市」で）

しかし、日本人のまつたけの味わい方は、中国や朝鮮半島から伝わったものではなく、独自、独特で世界に類のない食文化となっている。お隣の韓国では、慶州の人は昔、まつたけを食べたと聞いたが、他では興味を示さないそうだし、中国の雲南では香りが嫌なのか表皮を剥いだりして食べるところもある。少数民族のイ族の人たちは焼いたりスープに入れて食べたりする。また古く、フランスのニースでも食べたという記録がある。いずれも喜んで食べたものではなく、要するにせいぜい食用キノコの一種にしか過ぎなかった。

それだけに、私の思い入れや買いかぶりでなく、マツタケの研究も日本が一番進んでいる。これは当たり前のことかもしれない。なぜなら他の国、たとえばヨーロッパ圏の国では、マッタケのことを「兵士の靴（caligatum）」などと呼んで、その匂いを毛嫌いしているくらいだ。スウェーデンのマツタケは日本のものと同じ遺伝子を持つ香りの良いキノコなのに、現地では「嫌なにおい」（nauseosum）という科学的な呼び名「学名（種小名）」を付けている。付けも付けたりである。日本人が好むあの心を誘う香りが逆に体質的に合わないみたいで、日本への輸出を考える以外には採るメリットもないようである。

その香りの話をしよう。外国人に嫌われるマツタケの香りを分析すると100種を超えるにおい成分が検出できるが、マツタケオールとイソマツタケオールとトランス型桂皮酸メチルが主な成分だ。

香りはこの3つの成分が複合したものだが、前の2つはいわゆるキノコ臭で、3番目の桂皮酸メチルがマツタケ独特の香りとされる。

この桂皮酸メチル成分は、モクレン科に属し香気があって仏事に用いる常緑小高木のシキミに含まれる。面白いことにシキミはアカマツ林にはないのが普通だ。

あるテレビ局の取材を受けた際に教えてもらったのだが、この物質は大豆の発酵食品にも含まれるとのこと。味噌、醤油好きの日本人に、まつたけが好まれているのも分かるような気がしてくる。

✡万葉集に見られる松茸狩りらしき歌

　では日本人は、いつ頃からまつたけを食べていたのだろう。それはマツタケがいつから日本に発生していたのかということなのだが、じつははっきりしない。キノコについての記述は、奈良時代初めの養老4年（720年）にできた日本書紀に、茸（タケ、クサビラ）と出ているのが最初だ。これはおそらくナメタケ、ヒラタケなどだろうと思われていて、マツタケである根拠は見つからない。

　古いところでは、キノコが封じ込められた1億年前頃の琥珀が見つかっているが、残念ながらマツタケではない。マツタケに関しては、その存在を示す化石などの古い証拠はまだ見つかっていないのだ。いずれにしても地質時代の話なので、日本人の暮らしとのかかわりのなかでとなると、やはり文献（古文書）を紐解くことになる。

　日本書紀の後、奈良時代末期から平安初期にかけて完成した万葉集に、松茸狩りと思われる歌が出てくる。「高松のこの峰も背に笠立ててみち盛りたる秋の香のよさ」（2233、巻第十　秋雑歌）だ。現在の奈良市白毫寺町の高円山あたりである。

　万葉集には仁徳天皇のころから天平宝字3年（759年）までの約3世紀半にわたる歌が出てくるが、奈良時代には人口の集中などによって照葉樹林の伐採も増大し、710年には山守戸を置き諸山の伐木を禁じているほどである。その後、内陸の山の尾根筋にアカマツが侵入したと考えられる。そこにマツタケが発生し、松茸狩りが行われるようになったということだろう。

延暦13年（794年）、長岡京を経て都が京に移ると当然、御所や寺院、住居の建設ラッシュが起き、道具や生活用品づくりのための材をはじめ、日々の生活に欠かせない薪や炭や柴、肥料としての刈敷や落ち葉などの需要も一挙に増えただろう。それらを賄うために、平安京周辺の原生林である照葉樹林が破壊され、その跡地にアカマツが登場し、やはり松茸狩りが行われている様子が、10世紀はじめにできた古今和歌集にみられる。また、当時の生活を伝える文献（日記）などによると、生活必需品の材や炭などは平安京からはずっと離れた北部に位置する現在の亀岡市や京北町周山（現京都市）から調達しなければならないほど、当時の平安京周辺の山には木がなくなっていたようだ。

こうして平安末期以降、さらにアカマツ林が増えていったと思われる。公家たちは秋には遊山として松茸狩りを必須の行事としている（三条実房『愚昧記』など）。そして、京周辺のマツタケ発生量が著しく増えたとみられるのは鎌倉時代以降だ。天皇や公家が松茸狩りを楽しみ、盛んに贈答しあっている（藤原定家『明月記』など）。

14世紀、鎌倉時代の終わりの兼好法師の随筆『徒然草』には、「こいときじ、松茸などは御湯殿の上にかかりたるもくるしからず、その外は心うきことなり」とある。お公家さんの頭の上の棚に保管しても作法に適っている食材は、鯉と雉と松茸というのである。それくらいまつたけは、この頃から高級食材の地位にあったことがうかがえる。外国産まつたけが大量に輸入されている現在でも、国産まつたけの商品価値は下がっていないのだから、時代を超えて高級食材であり続ける不思議な食べ物である。

✡大乱の最中も松茸狩りに

日本が戦国時代に突入し、東軍、西軍に分かれての大乱となった応仁の乱が口火を切った応仁元年（１４６７年）のこと、都が戦乱の中心になっているというのに、関白近衛政家は、日記『後法興院日記』に、現代文で書くと「9月28日、宇治に行って椎の実を拾わせて松茸をとったが、大層面白かった……、一献かたむけて夕方帰参した」といかにも呑気に記している。たとえ戦乱の渦中であっても、季節感を大切にした公家衆を称えるべきか、いつの世も実際に戦い、泣かされるのは「庶民」なのかと、やはり心中複雑だ。10月11日にもまた、「紅葉狩りに出かけて、余以外みな泥酔。正体も無く前後覚えなし」とあったりする。当時の公家たちは、よほどの松茸好きであったことが偲ばれる。

絵画にはマツタケのホストとなるマツがよく描かれている。この頃、全国どこへ行ってもアカマツか、海岸にはクロマツがやたら目に付くようになっていたと見られるから、風景を描こうとすると当然のこと、マツが描かれることになる。安土桃山時代の画家、長谷川等伯作の国宝「松林図屏風」は、その代表格だろう。

この絵は左右で紙幅が異なっていて、もともと障壁画の下絵という見方が強い一方、とても高級な墨が使われているなど謎に富んでいて、多数の分析・論考があると聞く。とにかく、現代の画家たちの多くが「日本画の最高傑作」と口をそろえるほどの水墨画の名作である。ただし墨一色で、どこかにアカマツと書いてあるわけではないし、数ある分析・論考の中にマツの種類に関するものがあるかどうかも私は知らないから、アカマツとは断定できない。

それでも、描かれた樹の姿形は優しさを覚える（オマツとも呼ばれて葉が硬く海岸近くに多いクロマツと比べてアカマツは、葉がしなやかで枝振りが優しくメマツといわれる）ことや、等伯が能登の国（石川県）七尾の出身で、能登半島には今でもアカマツ林が多く、マツタケの産地でもある。もちろん、文献などから当時、故郷能登の海岸に広がっていたクロマツ林の風景ではないかとの推測もある。しかし、能登半島の先端にある珠洲市には今も海岸の平地にアカマツ林があり、マツタケが出ている。岩手県の北部沿岸でもアカマツ林が占めている。古地図に描かれた内陸というか山のマツは、ほとんどアカマツと思われる。

ちなみに、クロマツ林で採れるまつたけの量はアカマツ林に比べると非常に少ない。これは生えている場所の土壌の違いなどによるものと考えられる。クロマツは砂地に多く、根を深く張る性質が、浅い細根を求めるマツタケの生活帯と合わないのだろう。

江戸時代中期にまとめられた随筆集の『翁草』には、秀吉も伏見の稲荷山でまつたけ狩りを大いに楽しんでいる話が出ている。中には、秀吉がマツタケの生態にも詳しかったことをうかがわせるエピソードも。その伏見稲荷神社には、宮司がまつたけの収穫量を克明に記録した文書も残っている。

江戸時代は、たとえば初期には尾張徳川家が木曽谷などで年に100万石（28万立方メートル）もの材木を伐採したという記録が残っているなど各藩の普請で材木の需要が急増したり、明暦3（1657）年には江戸で10万人が焼死したという明暦の大火（振袖火事）が起き、その復興のための木材需要で日本の山はその後ハゲ山が多かったとみられ、まつたけの生産量もそれほど多くはなかったと思われる。

そのせいで、まつたけは「下郎の口にはかなわない」ほどの代物で、俳人、与謝蕪村に言わせると「松茸や食ふにもおしい遺るもおし」というくらいだった。

次ページの写真は群馬県太田市で20年前に復活された「松茸道中」（毎年10月第1日曜日開催）。江戸時代初期に館林藩が領内の金山で採れる名産の松茸を将軍家に毎秋献上したのが始まりで、幕府が倒れる前年まで続いたといい、松茸はそれほど貴重で価値あるキノコだった。

しかし、京都の台所といわれる錦小路や大阪の天満では松茸の市が立ち、町衆が買っていたよ

群馬県・太田市の松茸道中（同市教育委員会提供）

うである（『日本山海名物図会』１７５４）。江戸時代の終わり頃には大きな産業になっている。
江戸も末になると、「嵯峨の産がよい」「北山のものがよい」などといった記述が文献で見られ、まつたけもブランド化している（本草学者、小野蘭山『重修本草綱目啓蒙』他）。もっとも、京まつたけにしても、記載する作者によって一押しの産地がいろいろ異なっていて面白い。香りや味や姿にどれほどの違いがあったか知りたいところだが……。

✡素晴らしい食べ方がいっぱいあるのに手が届かないものに

とにかく、日本ではまつたけは「秋を味わう〝超高級〟食品」として昔から珍重されてきた。まつたけを採りながら歌を詠む、また食べながら酒を飲むなど、日本固有で独特のまつたけ食文化を作り上げてきた。鎌倉時代の公家の日記を見ると、お下がりのまつたけを食べようと誘われると飯を持参し、まつたけ汁で酒を飲むとある。それを思うと、今の定番の食べ方はいたってシンプルで、まつたけご飯、焼き物、土瓶蒸しなどである。

それでなお、このような多彩な味わい方がどうして育まれてきたのかを研究しているカリフォルニア大学の文化人類学者のアンナ・ツィンさんとトロント大学の佐塚志保さんたち（プロローグで紹介）が、どんな研究結果をまとめるか、楽しみである。

あるテレビ番組の昼のスタジオで司会のタレントさんに「どんな食べ方が好きか？」と質問を受けたことがある。私は「まつたけのフライが旨い」と答えた。ナイフで２つに切るとゆらゆらと香りが立ちのぼる絶品だ。会席料理では味わえない良さがある。余談を続けると、冬が長く厳しい岩手県岩泉町では食材の保存に長けていて、産地ならではの素晴らしい食べ方もいくつか教わった。親指ほどの売り物にはならないサイズのものを好みの味付けをした味噌に一晩漬けた後、そのまま食べる。熱いご飯にも、ちょっとと炙って酒の肴にもじつに良い。香りも素晴らしいし、それにも増して食感が良くなるのだ。「みなさん！お試し下さい」と言いたいところだが、今どき国産まつたけで、そんな贅沢できっこない。残念である。

かつてのまつたけ産地には、「まつたけなんて」と思わせるいろんなエピソードがある。私が15年間いた岩手県岩泉町では、お年寄りたちから「山で採れた篭一杯のまつたけと篭一杯の秋刀魚を交換した」という話を聞いた。これは海から遠く離れた山の中ならではのこと、それほどマツタケ向きのアカマツ林があったことを意味する。

もちろん京都でも、「子どもの頃、秋になると毎年、名産地の丹波の田舎からたくさん送られてきて、それこそ毎日、まつたけばかり食べさせられて閉口した」と、今は昔のうらやましい思い出話をしている人も多い。

それが今では、丹波まつたけは1キロ30万円もする特別な高級料亭で食すもの、といったステータスシンボル的な存在になってしまっている。フランス人やイタリア人と、やはり菌根性キノコのトリュフの関係は、どんな感じだろう。

私の先輩のマツタケ研究者に小原弘之さんと小川眞さんがいる。２人に聞くと、台湾に調査に出かけたとき、乾鮑をコークスで2日ほど煮込み、そこへまつたけを丸のまま入れたご馳走が出たそうだ。最高だったという。私は日本最高の干し鮑の産地の岩手に15年いたのに、こんな味わい方をしたことはない。これまた残念というしか言葉がない。

香りを好まない若者も——変化する〝まつたけ観〟

ところで近年、〝本家〟の日本でも、まつたけの香りを好まない若者たちが増えているようだ。これには、激減している国産まつたけの価格が高すぎて、一般市民は国産ものを買えなくなって久しいことも影響している。まつたけが子どもや若者にとって馴染みのない食品になってしまったことから、香りを嫌うそうである。これもテレビ局から聞いた話で、香りを嫌う外国人、香りを好む日本人といった視点での秋のまつたけシーズンの定番番組はもはや制作しにくいそうだ。

若者だけではない。最近は、まつたけの良さを理解できない日本人が、採る側にも、売る側にも、料理する側にも、そして食べる側にも増えてきているのは、まぎれもない事実である。「そりゃそうでしょう！　まつたけを食べなかったからといって病気になった人などいない」と消費者も割り切っている。採る側もお金になるキノコ程度に考えている。市場のまつたけ販売人は「まつたけの旬は8月だ」と、輸入物が多く出回る月を言って憚らない。商売とはそんなものかと情けなくなる。

料理する側も1キロ20～30万円もする食材はおいそれとは使えないし、五感で味わうまつたけ料理という感性を失っている料理によく出合う。今様風の新しい松茸料理もあるのだが、残念ながら五感に響くものにお目にかかったことがない。

それに旬の秋になっても、スーパーなどでは香りも姿も美しい国産まつたけはほとんど目にすることはできず、色も形も悪く、ひどいときにはスライスで売られている。これはこれで売る側の論理では、虫食いへのクレーム予防には効果があるとのこと。とにかく、まつたけは香りと形を愛でるのが楽しみ方の基本であり、伝統である。

私自身は何事にも伝統を重んじなければならないなどといった気はさらさらないけれど、いかにも美味しくなさそうなまつたけを見て、安いからといって絶対に買う気は起こらない。ただ、秋には消費動向などの調査と思って覗くだけだ。

それでも、昨今のまつたけ事情を見るにつけ、里山崩壊も含めて、これは「まつたけ嫌いをつくる陰謀だろう」などとヘソを曲げて勘ぐってみたくもなる。かくして世の中では、まつたけに興味、関心を持たない人が多くなっている。

マツタケの生活する里山再生運動にとっても、無関心が最大の敵である。私は40年以上もマツタケと里山と付き合い、研究をしてきたから無関心ではいられないけれど、ただ、それだけで「生物の多様性や環境に関心を持ってほしい」と言っているのでない。ことはマツタケと里山復活にとどまらず、詰まるところ、人を含めた生き物の生活というものをどう捉える社会、国そして日本人であるのか、なのだと思う。

✡近代マツタケ学を確立したハマネンさんとマツタケの碑

次に、最初に紹介した近代マツタケ学を確立した濱稔（ハマネン）こと故濱田稔先生のことにふれておきたい。

先生は京都大学理学部植物学教室で植物生理生態学を郡場寛教授の下で修め、先輩の増井公木博士のマツタケの研究を引き継ぎ、マツタケの純粋培養に初めて成功した。先生が、近代的な生理生態学的視点からマツタケの研究を本格的に始めたのは戦後のことである。そのハマネンさんは、私たち学生や大学院生の誰にも負けない力持ちで、身長180センチの細身ながらスポーツ何でもござれのハンサムでダンディだった。日本のマツタケ学に携わった研究者は、直接であれ間接であれ、ほとんど弟子筋にあたると言えるほど存在感があった。

太平洋戦争後、戦地から戻って京都大学農学部応用植物学研究室に職を得た先生にとって、まず最初の仕事はマツタケ生態学を始めるのに欠かせないフィールドの確保、つまり、実験・研究に使えるマツタケ山探しだった。奔走のすえにツテを頼って探し当てたのが、房岡宇八郎さん（故人）が所有していた京都市北部の岩倉にある尼吹山（標高180メートル）だった。私たちのまつたけ十字軍運動の拠点は、ここから北東に600メートルのところに位置している。

この尼吹山から、その後、幾多のマツタケに関する研究論文が輩出されることになる。尼吹山

みんなで年に一度マツタケの碑の周りを掃除して記念撮影

の頂上付近の尾根筋には1983年、濱稔さんを顕彰して鞍馬石のマツタケの碑が建てられた。私が研究フィールドとして使っていた頃は美しいアカマツ林だったが、今は見る影もない。年に一度、私たちのメンバーで碑の周りを掃除している。

この碑を「私にとってのあこがれ」と語るのは、つくば市にある作物研究所の藤郷誠さんだ。当時東北大学の学生だった藤郷さんは2001年に碑を訪ね、山の荒廃ぶりに驚いたといい、「折々の便りから、まつたけ十字軍運動の快進撃が聞こえてきます。もの寂しかった尼吹山や香川山の賑わいを見てみたいですね」と、マツタケの碑の思いが輝く日を待ち望んでいる。

マツタケの生態を学ぶ者にとって、フィー

ルドは「知識の宝庫」といえる場所。それだけに、そのフィールドを切ったり、掘ったり、ひっくり返したりして「マツタケとは何ぞや」と調査、研究させていただいているのだから、私も山はありがたいと思ってはいたものの、ことさら何かしたりはしなかった。ところが先生は毎年、元旦には尼吹山に出掛けて山の神に御神酒を献げて感謝の気持ちを表しておられた。厳しくも学生思いでユニークな先生だった。

京都が「まつたけの聖地」といわれるわけ

ハマネンさんが代表を務めるマツタケ研究懇話会が、日本の復興と経済成長の象徴として開催された東京オリンピックと同じ１９６４年に、『マツタケ―研究と増産―』と題して総合的な研究の成果を京都で出版している。

この本は、高度経済成長期の乱開発よるアカマツ林の減少と、その一方で進む放置によってアカマツ林の質の劣化に拍車がかかり、マツタケの生産量が如実に落ちてきた事実とそれへの対応、さらに、濱田門下生たちによる科学的な研究・調査に基づくデータの集積によって生理・生態など謎の多いマツタケのベールを少しずつ剥ぎつつあることを示している。改めて読み返すと、半世紀近くたった今でも役立つこと、いやマツタケとアカマツ林・里山が危機に瀕する今だからこそ気づかされる視点や示唆に富んでいる。

京都では、古くからまつたけが秋になったら食べてみたい食材の一番手であり、特別視してきたといえる。そのため、京都でマツタケ学が進み、濱田先生や弟子たちの多様な研究が生まれた。そんなことからマツタケ研究の聖地、また、まつたけの聖地などといわれるのだろう。運動のコンセプトのポイントに「マツタケ学発祥の地」と入れたのは、その地で運動をスタートさせることの意味を考えたのである。

2. あの中国が動いた――私の本が翻訳・出版された

✿中国の官民が都内ホテルで雲南松茸を猛アピール

２００８年12月5日のこと、東京都内のホテルで中国・雲南省の省政府商工部門と省都・昆明市にあるまつたけ専門商社の官民共催による、雲南省産まつたけの新ブランド名「グリーン松茸」を日本に大々的にアピールするプレゼン、説明・発表会が開かれた（写真）。

私は招待されていたのだが、あいにく、この会の日程が急遽決まったものだから、どうしても外せない大学の講義とぶつかってしまい、残念ながら出席できなかった。なぜ招待されたのかについては後に述べるとして、参加した友人によると、こんな様子だった。

「中国・雲南緑色松茸推介会」の大きな看板が架かった会場正面の壇上には、主催者のほか中国大使館幹部も座り、日本のまつたけ商社やスーパーなどの仕入れ担当者のほか、韓国や北朝鮮系まつたけ商社、それに業界新聞、通信社など関係者100人近くが参加していた。

　友人が何より驚いたのは、会場の左右、後ろの三方に並べられたテーブルに色鮮やかな大皿がたくさん置かれ、それには1週間ほど前の11月末に雲南の山で採れたという新鮮さを感じさせる見事な姿形の新ブランド「グリーン松茸」が大盛りにされていたことだったという。

　その香りが広がるなか、壇上の面々が次々に立って、「私たちのまつたけについての知

中国の官民が売り出しに力を入れる
「雲南グリーン松茸」

識や情報は、まだ日本に及ばないところがあるけれど、持っている保存・管理・検査機器・技術の高さは、すでに日本以上だと自信を持っています。どうぞ、安心して雲南松茸を輸入し、また雲南に食べに来てください」など、品質の高さと安全性を口をそろえてアピールした。

プレゼンが終わると、参加者たちは別の会場に案内された。そこは、前の会場以上にまつたけの香りにあふれていた。雲南グリーン松茸の焼き物と吸い物が用意されていて、参加者たちはそれを堪能しながら、しばし商談、まつたけ談議で盛り上がった。

✡「日本の失敗の轍を踏むな」と

さて、なぜ私が招待されたのか。2004年9月に私が書いた単行本『ここまで来た！まつたけ栽培』が、昆明市のまつたけ商社「国際商会松茸分会」で日本を担当している楊慧霊さんの目にとまったのが、ことの始まりだった。人と人の出会いやつながりというのは、不思議で面白いもの、そして、感謝すべきものである。

楊さんの古くからの日本の友人、田辺直子さんは、もう10年以上前になるが、テレビで放送された雲南まつたけについての報道番組を取材・制作した人だ。田辺さんは映像ディレクターのパートナーと仕事をしていて、その番組も2人で雲南まで出かけて作った力作だった。ところが、彼女はその後、パートナーを病気で亡くしテレビの仕事をやめ、編集事務所に勤めていた。その時

に、田辺さんと私の本を出版した編集事務所の福士義彦さんがたまたま仕事で出会い、私の本が話題にのぼったというのだ。

パートナーとの懐かしい思い出のあるまつたけが出てくる私の本を読んだ田辺さんは、まつたけ山（里山）の再生・復活と、まつたけ栽培という私の考えに共感してくれ、仕事で来日した楊さんにも読んでもらおうと渡してくれたのだった。田辺さんには、これがきっかけで、先に紹介したまつたけの起源を探る日中米加の共同調査計画でも貴重な情報を提供していただいた。改めて、ご縁に感謝である。

日本語の上手な楊さんは、ほとんど「待つだけ」「採るだけ」で、山の環境が荒れはじめていると感じていた雲南のまつたけ山の現状と、日本の国産まつたけが激減している厳しい状況、それに対する私の復活へ向けた考えや提案、実践を知り、「日本の失敗の轍を踏んではならない」と、中国の採集者や仲介者、商社、行政など関係者向けに翻訳、出版を思い立ったのだ。

eメールで訳語の検討など何回も何回もやり取りを重ねながら、ようやく２００７年10月に翻訳本は完成。その後、昆明で出版記念会が行われることになり、出掛けることになっていたのだけれど、直前の２００８年５月に起きた四川大地震で中止されてしまった。

そのため、この12月５日のグリーン松茸発表会は、翻訳本の出版祝いと私の雲南省国際商会松茸分会「高級顧問」就任の披露も兼ねていたのである。なお、その後この本はハングルにも訳されている。

外国産「まつたけ」に依存する日本の事情

ところで、雲南松茸で思い出すのは、もう30年近く前の１９８２年に発表された作品だが、司馬遼太郎の『街道をゆく20　中国・蜀と雲南のみち』。その中に２ページ強にわたって６月10日付の雲南日報に載った「雲南省に松茸とれる」という記事をみて驚いたことなどが書かれている。彼は新聞の見出しの「松茸菌（ソンロンジュン）」の表記が気にかかったようで、帰国すると何種類もの辞書、事典をひっくり返し、中国語でまつたけはソンスン（松蕈）かソンモ（松蘑）ということを知り、記事の見出しが「値段が大変高い食品—松茸菌」だったことにふれて「日本人の嗜好のあおりでできたことばであろうか」と指摘している。

財務省のデータを調べると、日本が「まつたけ」を輸入している、また輸入したことのある国は20数カ国もある。地中海沿岸の北アフリカや南ヨーロッパのスペイン、アメリカ大陸の米国、カナダ、メキシコやアジアの中国、韓国などの国だ。

確かに、まつたけ臭があって、堂々と「○○まつたけ」「××松茸」など、まつたけの名をつけて売られているが、じつはマツタケの類縁種ではあるけれど、日本のものとは種が異なるものも多い。分かりやすくいうと、ネコ科のヒョウ属にはライオンやヒョウやトラが属しているが、テレビや新聞がライオンをヒョウなどと呼んだりしたら虚偽報道以前の無知を笑われるだろう。非難ゴウゴウである。こんなおかしな商売がまかり通るのも、日本人のまつたけ好きが狙われたということだろうか。

また、まつたけ好きな日本の消費が、外国産「まつたけ」に依存しなければならないのは、里山を捨てた報いであり致し方ないことであるけれど、その外国産まつたけのすべての輸入量も、１９９０年代半ばには３０００トンほどだったのが、ここ数年は半減し１５００トン程度になっている。これが何を意味しているのか、今後の推移に注意していきたい。

中国産まつたけの大産地である雲南省では、まつたけの自国内消費を高めることを考えていて、北京で「松茸どんぶり」の試食会をやったら大好評だったそうだ。また、国内便の機内食に「松茸ご飯」が採用され好評だという話も耳にした。世界の〝まつたけ観〟というか、まつたけを通して世界が日本を見る目にも何か微妙な変化が起きはじめているのかもしれない。

エピローグ

“互知送さま”と“知産知承”の心と技術を
——20世紀型社会の延長では里山再生はない

1. 集う人の可能性を引き出しているマツタケと里山

✡作業は「する」ものでなく「楽しむ」もの

まつたけ山復活させ隊は、代表である私が活動日を決めたり、外部との折衝などを担当しているが、活動エリアの選択や作業方針などは各作業区の世話人とその仲間たちで決めている。参加者それぞれがみんなに提案することができ、参加者の中から仲間を募って山作業や畑作業をする。というよりは、ボランティア活動は参加者が楽しくなければ長続きしないので、「作業する」ではなく「作業を楽しむ」ようにしている。面白さや楽しみ事はみんながつくるので、参加者の数だけある。

猫田哲三さんは半導体製造会社の社長職を譲り、今はアウトドアライフを楽しむ毎日と見受けられる人物。活動開始の初めの頃、「今日は疲れたろうから」と、車にいっぱい積み込んだ野外生活用品を駆使して、みんなに紅茶サービスをしたり、カレーライスを振る舞ってくれた。これがその後、参加者たちが楽しみにする現在の昼食タイムへと変わっていくきっかけになった。またとても器用で、ピザ石窯を造ったり、電気・機械類の補修もお手の物だ。

伐った樹木を有効利用しようと、机や椅子を作るのに腕をふるった吉川均さんは、現職の材木屋さん。チェーンソーで製材を始めたのにはみんなびっ

野菜のタネ撒き、そして収穫したものを味わうランチタイムも楽しみの一つだ

くり。チェーンソーは樹木を横に伐るものという固定観念があったが、縦に伐るとなるほど板になる。チェーンソーなどの工具も進化し安定性や使い勝手も向上したが、それでも素人はメンテナンスを嫌う傾向がある。切れなくなったりすると、つい新しいのを買えばいいといったことになり勝ちだ。吉川さんは、故障したのを分解して整備するだけでなく、興味のある人に教えてくれる。

20世紀の豊かな時代を経験した団塊の世代は、その豊かさに慣れている一面、ほしい、必要だと思ったモノがその場になければ、それを自分たちで工夫して作ってしまうという力と知恵と技術を持っているのには感心する。すごいと思う。

今はまだいただき物のまつたけだが…きっと…

ヒノキの間伐材で小屋の柱も屋根板も見事に自前で製材してくれた橋本敏夫さんは、以来、みんなの要請に応じて大概の造作はやってくれている。陶芸用の窯の補修は彼にお任せである。学生など若い世代に伝えてほしい知恵と技ばかりである。

ベースキャンプの主の香川さんが水道と電気も引いてくれ、屋根もあるという今では施設の充実に、「ここはどこ？」と自然派志向の藤井貞子さんに叱られるときもあるくらいだ。だんだん便利になるのも問題であるが、当の彼女も喜んでその設備を活用していて、まんざらでもなそうだ。そんな施設が整ったから、雨の日も雪の日も香川山には人が集まるのだ。

斜面の一部にあったヒノキ林の処理でのチームプレーの良さを紹介しておこう。ヒノキの幹は結構太かった。ここは皆伐してアカマツ林に戻そうということで最初、手鋸で挑戦したものの、手に余る太さと数だった。そこで、チェーンソー持参の吉川さんを中心にして有山勝人さんと井本寿一さんたちが、この大木を伐ってくれた。井本さんは京都市京北町周山でアカマツ林を購入し山づくりに励んでいて、地元の里山の良さを紹介する神主さんである。伐採されたものを、他のメンバーたちは、それぞれ自主的に材や枝を山の下へ手分けして運び出すが、それだけではない。小枝、粗朶などにちゃんと分別する丁寧さである。とにかく、団塊の世代を中心にした熟年、高年者の力、集合知には大いに助けられている。もちろん、群馬など各地からわざわざ応援に駆けつけてくれた人たちにも改めて感謝したい。

✡バイオマスを活用して畑の土壌改良も

第3章で「My茶」の話をしたが、野菜や果樹、山菜、花を植えて楽しむ人たちも出てきた。思い当たるだけでも、ギョウジャニンニク、タマネギ、アスパラガス、イチゴ、ウド、ブドウ、ワサビだってある。ほかにもシイタケの原木（ほだ木）栽培、マイタケ栽培もやって収穫の喜びを満喫している。となると欠かせないのが畑の土壌改良だが、そこで役立つのが里山である。

高度経済成長後に利用をやめた里山は、もう50年近く放置されていることになる。そこには膨大な量のバイオマスが発生している。たとえば、マツタケの大敵である腐植が15～20㌢と堆積しているところが多い。山全体で見ると半端

土壌改良での畑の野菜も生育良好

こうした団らんの中からいろいろな知恵とアイデアが生まれる

な量でない。これを外へ運び出さねばならない。それに加えて切り倒した木々の幹、枝葉である。この処理がじつに大変なのだ。

加藤邦彦さんは、これで畑に入れる堆肥を作ろうと、大学の馬術部の馬小屋から自分の車で腐植と混ぜるための馬糞を運んだのだが、しばらく〝香水〟の臭いで車が使えないとこぼしていた。

加藤さんは、この「悲しくも懐かしい体験」を振り返りながら、「まつたけ十字軍の活動が力強く続いている理由の一つは、私の堆肥づくりも含めて、マツタケとアカマツを真ん中にしながら、『まつたけ以外』にも活動の広がりあるからだと思います。それは丁度、マツタケのシロの輪の広がりに似ているみたいです」とイメージ豊かに語る。

土地が痩せて、しかも固くて簡単には作物の育たなかった畑の改良で範を見せてくれたのが有山勝人さん。彼は不言実行の人で仲間の中でも高齢グループに入るが、土掘りでも大活躍するなど体力的には若々しいし、とても博学だ。奥さんを介護しながらの積極的参加である。今ではスイカやモモやイチゴなど果物も楽しめる。どこでそんな技術を覚えたのかと尋ねたら、にっこり静かに笑って「生まれが田舎だから」と一言発しただけだった。

私たちの仲間のバイオマス利用では、滋賀県彦根市石寺町のマツタケ山再生活動について研究している同県立大学の鵜飼修さんたちと、岐阜県山県市で所有するまつたけ山を活用した会社経営に取り組む玉井健治さんの実践も興味深い。

鵜飼さんたちの研究では「かつての薪炭利用の仕組みを現代的に再生していこう」と、モデル「エコ

みんなの作業姿もすっかり板について

民家」を集落内に設置し、学生たちが薪ストーブや薪ボイラーを使った生活に取り組んでいる。また玉井さんの会社では、「特色のある仕事のできる会社」をめざして、薪の販売を始めたのに合わせて薪暖炉の製品化にも取り組んでいる。

互いに知恵を出し合い、伝え合う楽しい「集合知」ネットワークづくり

彼らの活動スタイルは、お互いに長い人生経験の中で培った知恵を出し合い、伝え合い、つなげ合いながら、さらに臨機応変に事を処理する柔軟さを持っている。私たちのまつたけ山づくり運動に限らず、人が生きていく上で直面する問題、課題は大小さまざまあるわけだが、その解決に取り組む上でもヒントになることがたくさんある。

たとえば環境問題。環境は人だけでなく、あらゆる生物にとって良い意味でも困った意味でもストレスを与える物理的、化学的、生物的な要因を含んでいる。その環境が今、世界的に良くない。この重大問題の解決に取り組むにも、彼らの活動スタイルは可能性を感じさせる。

キャッチコピーで表現すれば、「互知送さま」とか「知産知承」という一方通行ではない双方向の自由度の高い、顔の見えるキメ細かい、そして楽しい「集合知」ネットワークの構築だ。「ふるさと納税」に加えて「故郷納知」というのもいいかもしれない。

今の都市と中山間地域の交流は、都市から里山に出かけて学ぶ、また逆もあるけれど、一過性

で終わる傾向にある。継続しても年1回というのが多い。その中から里山圏に定着する若者も出てきているものの、安定した形で「生業」として営めるようになるには課題山積である。

そうした現状だからこそ、双方向で楽しい知恵と力と場所を提供し合うネットワークが必要なのだ。それによって、都市と里山の人たちの間でお互いの情報や知恵のキャッチボールと人とモノの交流が、里山という「場」と、そこに棲むマツタケとアカマツ、あるいは山菜などの生き物との出会いを通して自由に活発にできるようになったら、しかもそれが継続的にやれたら素晴らしいと思う。

なにしろ、国土交通省の2006年の調査によると、現在65歳以上の高齢者が住民の50％となっている地域は全国に7873カ所、さらに生活機能の維持が困難になっていて、今後10年以内、あるいは近い将来に消滅する恐れのある、いわゆる「限界集落」と呼ばれる地域は、そこに住む人たちには何ともやるせない耐えられない呼び名だと思うが、全国に3000カ所近くもある。その多くが「里地里山里海地帯」ではないかと考えると、私たちのような活動の輪を一層広げていく意味は大きい。それだけに各地に広がってほしい。そんな思いが募る。

だからだろうか。私たちのまつたけ山づくり活動は京都に留まることができなくなってきた。各地の里山地域の方たちから「出張作業」の要請や交流の呼びかけをいただいている。全国に認知されたという嬉しい思いと、社会の必然的な動きなのだと思う面がある。現在は、私たちの力量の問題もあり、無理のないところで出かけて交流の輪を広げるようにしている。なにしろ、アカマツ林は全国各地に広がっていて230万㌶もあるから、活動の場、ネットワークづくりはどこでも可能といっていいくらいだと、ワクワクした気持ちで想いをめぐらしながら……。

　詳しくは省略するが、現在、定期的に交流をしている地域だけでも、北は岩手県大野高校、岩泉町杣人の会、石川県珠洲市のＮＰＯ法人能登半島おらっちゃの里山里海、京都府木津川市の鹿背山、京都市右京区京北、滋賀県荒神山、滋賀県沖島、和歌山県高野町岩田山、香川県小豆島マツタケ研究会などだ。

里山再生に欠かせない枯損木などの運搬には細心の注意が必要だ

【まつたけを再び能登の特産に】

このうち、おらっちゃの里山里海の研究員、赤石大輔さんは、「3年間の里山保全活動の結果、まつたけはまだ出ていないものの、秋の『キノコ狩りツアー』でお客を呼べるまでになりました。それをバネに、まつたけを再び能登の特産に、という大きな夢が珠洲市をはじめ能登全体をあたためるような活動になればと思います。次の世代へつなぐ循環型社会のモデルを作り上げる活動を行っていきたいと考えています」と意欲的だ。

【「自分でも驚く成果」も】

このほかにも、8㌶の山を持つ京都府亀岡市の今西好文さんは、私たちのブログにある「マツタケを発生させることは、里山復活の最短の王道であり、里山を再生することはマツタケを増産することである」の良き実践者だ。山の見学者が、これまでに約650人にものぼり、「自分でも驚いています」というほどの成果を上げている。

この運動は日本に限らず世界にも発信され、見学者が来る。そして交流が少しずつであるが広がっているように思う。

これまで繰り返し述べてきたので、お分かりいただけたと思うが、マツタケは自力だけでは生きていくのに必要なエネルギーを確保できない弱い生き物だ。そのマツタケが、アカマツなどのホストと双方向のネットワークを築き、共生という優しい生き方を獲得して長い歴史を生き抜いてきた。

濱稔さんがいみじくも「マツタケとアカマツの関係は恋愛」と表現したこの関係は、両者の堅い結びつきを重視するあまり、時には他を排除することになったりもする。しかし、世の中を見ても分かるように個と個がつながる形を基本にしながら、それが他とつながり広がって社会は動いている。堅い個と個の結びつきと同時に、それが他にも広がってつながらなければならないのである。マツタケとアカマツの関係も人同士の関係も、生態学的には同じ意味合いがあるのではないだろうか。そんなことをマツタケやアカマツなど里山は教えてくれているように私には思える。

まさに人間の生き方が問われている

断っておきたいことがある。ヒトは、自らが生きるために原生林という生態系を破壊し里山という新たな生態系を生み出した。マツタケなどの生物は、人がつくり出したその環境に適応し人と共にずっと生き、世代をつないできた。ほかの里山の生物も同じである。

私は、人間のこの活動には、ある生態系、たとえば原生林を破壊したことと新しい生態系をつくったという両面があると考えている。しかし今、里山を、それこそ人の勝手で利用をストップし、そのことによって里山という生態系を破壊している。歴史を振り返ると、人間が大きくかかわると常に環境破壊によって危機を生み出してしまっていることが読み取れる。これがヒトと他の生物との大きな違いとも言える。

マツタケとアカマツに限らず、多くの繊細で優しい生き方を続けてきた生物が日本を含めて世界中で消え去ってしまいそうになっている。世界40カ国が参加する環境問題のＮＧＯのコンサベーション・インターナショナル（ＩＣ）は、この地球上で生物の多様性が高いが絶滅の危機に瀕する地域（ホットスポット）を指定しているが、日本もその中にあることをご存じだろうか。

都合の悪いことなどは、そうそう自分には起きないと考えて事を処する人たちがいる。良いことだけがやって来る、なんてことはあるわけがない。劣悪化した環境は、すべての生き物に遠慮なく降りかかってくる。地震などの災害にしろ、戦争にしろ、と大風呂敷を広げなくとも歴史を見れば明らかな通り、いつも真っ先に犠牲を強いられるのは弱い立場のものたちである。まさに人間の生き方の問題なのだ。

レイチェル・カーソンが『沈黙の春』で農薬問題を提起したのが1962年、有吉佐和子が新聞で『複合汚染』の連載を始めたのは1974年。以来、私たちが直面する環境問題はどんな変遷をみせてきただろうか。技術革新によって見えにくくなっているものの、そのぶん問題は一層複雑化し、困難になって地球規模で拡大し、深刻化のスピードを増している。

そんな時代だからこそ、里山に足を踏み入れて、見て、感じ、考えて、動くことから問題解決への道は始まるのではないだろうか。

手入れをしていない山にこんな腐植層が堆積している

2. こんな刺激になり嬉しくなるお隣さんも！

✡異分野の研究者たちが夢を語り合い、「人類がよりよく生きる」に取り組む「地球研」

私たちの思いや考えが、決して独りよがりや思い込みでないことを理解いただきたいので、ちょっと〝舞台〟を移動して話を進めよう。私たちのベースキャンプの西、そう遠くないところにある有名な上賀茂神社の近くに「大学共同利用機関法人 人間文化研究機構 総合地球環境研究所」という、フルネームが飛び切り長い研究所がある。略して地球研。「環境情報基地」を自認しているだけに当然のこと、生物多様性や里山も重要な研究テーマになっていて親近感を覚える存在だ。

この研究所がユニークなのは、哲学、政治学、歴史、地理、考古学、人類学、気象、水、海洋、湖、川、土木、医学、経済、環境などなど、ありとあらゆるというくらい幅広い分野の研究者が集まっていること。さらに、その異分野の人たちが、いくつかの大きな研究テーマでプロジェクトチームを組み、世界各地の砂漠、海・川、山などでの調査をもとに地球環境の過去、現在、そして将来・未来について、従来ないスタイルで研究していることだ。しかも、チームは5年くらいの単位（任期）で研究をまとめると解散し、それまでの枠を超えて広がるネットワークを手にして研究者たちはそれぞれ全国、また世界の研究機関に散っていく。

プロジェクトのテーマは例えば、「民族／国家の交錯と生業変化を軸とした環境史の解明」「社会・生態システムの脆弱性とレジリアンス（回復能力）」などで、一般公開の「人・水・地球―未来への提言」とか「農耕起源の人類史」といった公開シンポジウムやセミナー、大学などへの「出前講座」も行っているが、全国的にはまだあまり知られていないようだ。

しかし、とかく専門分野に縛られがちな研究者たちがそれぞれの壁を越えようと、「地球環境を守るため」というよりも「人類がよりよく生きるため」に向かって互いに学び合い、夢を語り合い、切磋琢磨しながら研究活

ユニークな「地球研」の建物（「地球研」ホームページより）

動をしていると聞くと、その姿が私たち「まつたけ山復活させ隊」の面々の創造的な関係と重なって嬉しくなる。

地球研ではまた、すでに確立されていて動かせないように思われがちな従来の観念や概念といったものも、自由に問い直されている。たとえば、よく「農業は文明の始まり」といわれるけれど、ここでは「農業は環境破壊の始まり」と問い直される。実際、人間は、コムギやイネ、トウモロコシ、サトウキビなど主要作物を手に入れるたびに森林をつぶし、水路を築いてきた。確かにこれは進歩と同時に、大きな自然破壊を不可分に伴っていたのである。

また、人類は問題にぶつかると、それを解決するため知恵と勇気を出して次々チャレンジして今日の文明を築いてきたのだけれど、半面でそれが問題を拡大生産し、人間自身その加速する変化のスピードに追いつけない状況に陥っているとの指摘もある。この限りない成長と諦めないことを前提として進んできた人類のあり方に対しても、ここでは「諦めること」の重要さがまじめに問題提起され議論されている。もちろん、単純なギブアップではない。「諦める」の本来の意味である「明らめる」、つまり、「ほかの人に分かるように、すべてありのままに伝える」ことだ。そこから問い直そうとしているように思える。

なんだか、哲学か宗教問答みたいだが、「未来可能性実現への道筋の探求」とか「事実命題を問う認識科学から価値命題（あるべきもの）を問う設計科学をめざす」など研究者たちの挑戦的な言葉が続くと、そこに新たな研究のあり方と科学、さらには人類の新たな展開と創造への可能性を探ろうとしているように私には感じられた。

マツタケが、私たちに語り掛け教えているのも、また復活させ隊の仲間たちがやっていることも、フィールドは異なるけれど、こうしたことと通じる姿勢と取り組みだと思っている。

そのうち、このお隣さんの地球研と私たちのコラボで里山復活シンポジウムなどやれる時がくるかもしれない。そんな楽しみも持っている。

マツタケの目、アカマツの目、里山の目をもって

よく「鳥の目、虫の目」などという。物事を考え、問題や課題に対処するには大所高所から、また広い視野と逆にズームアップして見ることの大切さをいったものだ。私は40年以上マツタケとアカマツ、あるいはそれらと複雑にからまるカビや細菌などと付き合い、その微妙、絶妙な関係を研究してきて、鳥と虫の目に「マツタケの目、アカマツの目、里山の目」を加えたいと思う。

今、人間活動によって猛烈なスピードで破壊の進むアカマツ林をはじめとする里山を再生させ、そこから採れる幻のような存在となった国産マツタケを復活させるには、彼らの目でこの深刻な事態を捉え、彼らの声を聴くことがとても重要だと信じるからだ。

そして同じことが、この国と社会と人々が直面している大きな課題や抱える病根の克服に向

かって取り組むときにも言えると、私は信じて疑わない。

　この運動は参加者全員が作り上げてきたものだけに、この本で誰かを紹介するといったことはとても難しい。本文中で折々に紹介したみなさんの文章や発言にしても、書いたり話すよりは山での作業が楽しくて仕方がないという人たちもいっぱいいて、無理無理お願いした。とにかくお互い自由であり、対等、平等だが、それでいて相手に敬意を払いながらつながっている。そこがいいのだ。その求心力となって、みんなの可能性を引き出しているのがマツタケであり、アカマツ林＝里山という貴重な「場」なのだと私は確信している。

　最後にもう少し仲間の思いを聞いていただきたい。

コメ作りも軌道に乗って

【まつたけが「山飾る」豊かな表情を見せる山に】

「山笑う、山滴る、山飾る、山眠る」は四季の季語だ。俳句を巧みに詠む上林与惣治さんは、正岡子規の「故郷やどちらを見ても山笑ふ」の句を紹介しながら、こう続ける。

「山には多様な生態系があったからこそ、笑ったり、眠ったりと複雑で豊かな表情になったのです。スギばかりの山は春になっても笑いません。私たち人間は一人で生きているのではなく、みんなのつながりの中で『おかげ』をいただいて生きているのです。あらゆる存在とつながって生きているのです。環境問題を通して自然との共生が叫ばれるのもそのためで、四季のある山が、私にそう教えています。だから、その山の笑いや滴り、飾りや眠りが季節ごとにうまく続いてほしいと、この活動をしています」

【里山は「生かされている」ことを体感し、共生を学びあえる場所】

「おかげをいただく」とともに参加者の多くが口にする言葉が「生かされている」。

杉山廣行さんは「里山は、人間社会が自然とかかわり、共生しながら『生かされている』ことを身近に体験できる貴重な場所です。本来の里山には一連の豊かな自然のサイクルがあり、私たち人間はその一部しか理解できないかもしれないけれど、体感できることは確かです。以前、アニメで観たフレデリック・バックの『木を植えた男』（1987年のアカデミー賞短編映画賞作品）の一場面を思い出します。荒れ地に黙々とドングリを植える男の姿と、やがて森林がよみがえり、豊かな社会が取り戻されるという話です。私たちの運動も後世の人々と社会の安寧につながればと願っています」

【自然には日々新たな感動が、仲間たちの思いには癒しが】

参加者の中には、ほとんどビジネスを通しての人間関係しか知らなかったと語る人も少なくない。そんな一人、運動のスタートとともに参加した川崎泰弘さんの述懐だ。

「今まで何と狭い世界にいたことか。運動に集まった面々の中に、その道の名人、達人がいるのです。まつたけ探しの達人、キノコの種類を当てる達人、農業、縄結び、大工、料理、土木工事などなどの達人です。こんなに多くの達人を抱える集団を見るのは、60年以上も人間をやっていて初めてです」

そして「山林の作業が何と根気と力の要る仕事かも思い知らされた」川崎さんは「それでもなお運動に参加し取り組んでいる理由」について、良き仲間たちの存在とともに、「やはり、この里山再生市民運動を進めていくことの意味、その根っこの部分の重要さ、大切さを感じるからです。この国も私も経済的には確かに潤いました。けれど、よく見、よく考えると、資源を大量消費し、自然を破壊した結果の産物でしかなかったことに気付かされます。営々とつないできた生命の営みを妨げるような社会や人のあり方、生き方が今、問われているのではないでしょうか。そこに一石を投じるのが、まつたけ十字軍の取り組みだと思います。その一員として活動できることは大きな喜びです」と。

【半世紀のズボラを詫びて自然と向き合う】

「いつの日からか、土の道すら歩かなくなっていた」と話した、シティボーイを自認する石原敏行さんの参加のきっかけは友人の死だった。「その友の死を見つめ頭の空洞を埋めたい」と運動が始まってすぐの参加である。

「およそ半世紀の時間、地球にも自分の体に対しても何も良いことをしてこなかったのが悔やまれます」とも語った石原さんは今、「荒れて見るも無残な里山に何かしなければと5年、綺麗になった林の斜面に実生のアカマツが生え、背丈ほどに育ってきて、私みたいなシティボーイでも少しずつ何かやったという気分になれる山の変化を実感します」と、手応えを感じるという枯損木の焼却作業に汗を流している。

著者プロフィール

吉村文彦（よしむら・ふみひこ）

1940 年京都市生まれ。京都大学農学部卒。同大学院農学研究科博士課程修了。京都大学農学博士。1990 年～ 2005 年、岩手県・岩泉まつたけ研究所所長。退任後、京都に戻って 2005 年 6 月 16 日、まつたけ十字軍運動（まつたけ山復活させ隊）を立ち上げ、現在同運動代表のほか、大学講師。『土壌微生物生態学』（共著、朝倉書店）『マツタケ山をつくる』（共著、里山の自然、保育社）など著書多数。

まつたけ十字軍運動（別名・まつたけ山復活させ隊）

里山再生市民運動としてスタート 6 年目を迎えた。活動回数は 250 回を超え、延べ参加者は 8000 人に迫りつつある。放棄・環境崩壊で失われたマツタケの生息地のアカマツ林を再生し、森林バイオマス（エネルギー資源として活用できる生物有機体）の循環を考えた生物多様性の保全に楽しく、面白く取り組む。

まつたけ山「復活させ隊」の仲間たち

●二〇一〇年八月一八日――第1刷発行

著　者／吉村文彦とまつたけ十字軍運動

発行所／株式会社 高 文 研
東京都千代田区猿楽町二－一－八
三恵ビル（〒一〇一＝〇〇六四）
電話　03＝3295＝3415
振替　00160＝6＝18956
http://www.koubunken.co.jp

印刷・製本／シナノ印刷株式会社

★万一、乱丁・落丁があったときは、送料当方負担でお取りかえいたします。

ISBN978-4-87498-446-8 C0045